普通高等教育"十三五"规划教材

色谱分析

丁立新 编著

 化学工业出版社

·北京·

《色谱分析》共分五章，包括色谱分析法概论、经典液相色谱法、气相色谱法、高效液相色谱法和毛细管电泳法。本书的编写遵循"三基"（基本理论、基本知识、基本技能）、"五性"（思想性、科学性、先进性、启发性、适用性）的原则，紧紧围绕专业培养目标的要求，体现了学科的新发展和教学改革的新成果。

　　本书可供高等院校药学、制药工程专业师生使用，也适合中药、化学化工类、生物和环境类专业师生使用，还可供有关分析检验部门的技术人员参阅。

图书在版编目（CIP）数据

　　色谱分析/丁立新编著. —北京：化学工业出版社，
2019.8（2024.5重印）
普通高等教育"十三五"规划教材
　　ISBN 978-7-122-34896-8

　　Ⅰ. ①色…　Ⅱ. ①丁…　Ⅲ. ①色谱法-化学分析-
高等学校-教材　Ⅳ. ①O657.7

　　中国版本图书馆 CIP 数据核字（2019）第 147471 号

责任编辑：马　波　杨　菁　闫　敏　　　　　文字编辑：陈　雨
责任校对：宋　玮　　　　　　　　　　　　　装帧设计：张　辉

出版发行：化学工业出版社（北京市东城区青年湖南街 13 号　邮政编码 100011）
印　　装：北京科印技术咨询服务有限公司数码印刷分部
787mm×1092mm　1/16　印张 7¾　字数 163 千字　2024 年 5 月北京第 1 版第 5 次印刷

购书咨询：010-64518888　　　　　　售后服务：010-64518899
网　　址：http://www.cip.com.cn
凡购买本书，如有缺损质量问题，本社销售中心负责调换。

定　　价：28.00 元

前 言

色谱分析作为重要的分离分析技术，已广泛应用于医药卫生、生命科学、环境科学等领域。随着科技的发展，社会对以色谱分析为主要内容的书籍的需求不断增加。本书是在多年教学和科研的基础上编写而成的。编写中以"精、全、新"为指导思想，突出内容的科学性、先进性、可读性，旨在反映色谱分析的基本规律和新技术，力求概念准确、深入浅出、循序渐进、突出重点、语言简练、通俗易懂，便于教学和阅读。

全书共分五章：色谱分析法概论、经典液相色谱法、气相色谱法、高效液相色谱法和毛细管电泳法。重点介绍分析方法的基本原理、仪器结构以及仪器的操作和维护，加强理论与实践相结合，更加注重提高读者分析问题和解决问题的能力。

为了提高读者的学习效果，在每章开头增加了学习提要，按照掌握、熟悉和了解三个层次提出了每章的学习要求。本书各章还在理论讲解之后给出了本章小结和习题。在部分习题后面附有参考答案，以便读者自学之用。为了适应双语教学的需要，书中的专业术语均以汉英两种形式表达。

本书贯彻"三基""五性"的精神，"三基"即基本理论、基本知识、基本技能，"五性"即思想性、科学性、先进性、启发性、适用性。符合色谱分析的教学需要，系统性强，内容全面、新颖、简洁明了。

本书可作为高等院校药学、制药工程、中药、化学化工类、生物和环境类专业本科学生学习色谱分析的教材和各相关领域技术人员的参考书。

笔者旨在提供一本内容新颖、方便教学、又便于自学的书籍。

由于水平有限，书中难免存在疏漏之处，恳请专家和读者批评指正。

丁立新

目 录

第3章 气相色谱法   43

第1章　色谱分析法概论

学习提要

　　掌握色谱分析法的有关术语和公式，色谱分析法的基本理论：塔板理论和速率理论。熟悉色谱分析法的分离过程。了解色谱法的分类、特点和应用。

　　色谱分析法简称色谱法（chromatography），是一种用于分离分析多组分混合物的极为有效的物理或物理化学的分析法。它是一种重要的分离分析技术，是将混合物中各组分分离，然后按顺序检测各组分的分析方法。色谱法始于 20 世纪初，是由俄国植物学家茨维特（M. Tswett）创立的。他在研究植物的色素（pigment）成分时，采用了一根竖立的玻璃管，管内填充碳酸钙（calcium carbonate）颗粒，然后从顶端加入植物色素的提取液，提取液中的色素吸附在碳酸钙上，再加入石油醚（petroleum ether）不断冲洗。一段时间后，在碳酸钙里形成了几个清晰可见的色带，在碳酸钙上混合色素被分成不同色带的现象，像一束光线通过棱镜时被分成不同色带的光谱现象一样，因此茨维特把这种现象称为色谱，相应的方法称为色谱法。茨维特用希腊文"chroma"（色）和"tographos"（谱）二字合并为"chromatography"（色谱）一词。

　　在上述实验中，装有碳酸钙的玻璃管称为色谱柱。在色谱柱中碳酸钙固定不动称为固定相（stationary phase）。用来淋洗色素的石油醚总在不断流动，称为流动相（mobile phase）。现在，色谱法的分离不仅用于有色物质的分离，而且广泛用于无色物质的分离。尽管"色谱"二字已失去原来的含义，但这一名称一直沿用至今。

　　目前，色谱法已广泛应用于医药卫生、生命科学、环境科学等领域，具有分离效能高、选择性高、灵敏度高、分析速度快及应用范围广等特点。色谱法是分析复杂混合物最常用的方法。

1.1　色谱法的分类

　　色谱法可从不同的角度进行分类，可根据流动相和固定相的状态、操作形式、分离

1

机制等对色谱法进行分类。

1.1.1　按两相的分子聚集状态分类

在色谱法中流动相可以是气体、液体和超临界流体，相应的色谱法可分为气相色谱法（gas chromatography，GC）、液相色谱法（liquid chromatography，LC）、超临界流体色谱法（supercritical fluid chromatography，SFC）。色谱法的固定相可以是固体也可以是液体，相应的气相色谱法又可分为气-固色谱法（GSC）和气-液色谱法（GLC），相应的液相色谱法则可分为液-固色谱法（LSC）及液-液色谱法（LLC）。

1.1.2　按操作形式分类

按操作形式分类可分为：柱色谱法（column chromatography）、平面色谱法（planar chromatography）、毛细管电泳法（capillary electrophoresis，CE）等类别。

柱色谱法是将固定相装于柱管内构成色谱柱，色谱过程在色谱柱内进行的色谱法。按色谱柱的粗细，又可分为：填充柱（packed column）色谱法、毛细管柱（capillary column）色谱法等。

平面色谱法是色谱过程在平面内进行的色谱法，又分为薄层色谱法（thin layer chromatography，TLC）和纸色谱法（paper chromatography）。

毛细管电泳法的分离过程在毛细管内进行，利用组分在电场作用下的迁移速度不同进行分离。

1.1.3　按分离机制分类

按色谱过程的分离机制分类，可分为分配色谱法（partition chromatography）、吸附色谱法（adsorption chromatography）、离子交换色谱法（ion exchange chromatography，IEC）和空间排阻色谱法（steric exclusion chromatography，SEC）（也称分子排阻色谱法）。

色谱法的分类不是孤立的，而是相互关联的。现将色谱法分类总结如下：

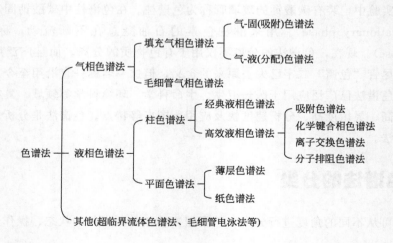

2

1.2　色谱过程和色谱参数

1.2.1　色谱过程

色谱分离过程主要是利用样品中各组分在固定相与流动相之间具有不同的溶解能力或吸附能力而进行分离。

当样品被流动相带入色谱柱并在柱中移动时，样品中各组分在固定相与流动相中要反复多次地受到上述作用力的作用。由于各组分的分配系数存在差异，各组分在色谱柱中滞留时间也就不同，即它们在柱中向前移动的速率不同，随着流动相的不断流过，组分在柱中两相间经过了反复多次的分配和平衡过程，当移动一定距离以后，试样中各组分即可得到较好的分离。例如含 A、B 两个组分的样品，假如 A 组分的分配系数 K_A 比 B 组分的分配系数 K_B 小，当试样进入色谱柱后，分配系数小的 A 组分被流动相先带出色谱柱进入检测器，检测器将其浓度或质量转化成 A 色谱峰；分配系数大的 B 组分后流出色谱柱进入检测器，并在记录仪上形成 B 峰，如图 1-1 所示。

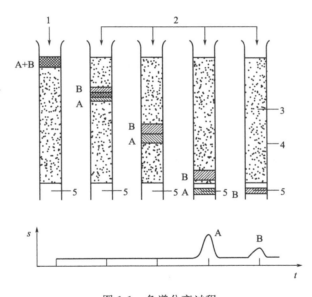

图 1-1　色谱分离过程

1—试样；2—流动相；3—固定相；4—色谱柱；5—检测器

由此可知，色谱分离过程有两个特点：

① 不同组分通过色谱柱时移动速率不等，它提供了实现分离的可能性。

② 各组分沿色谱柱的扩散分布不同，组分分子开始在柱前端的分布是一条很窄的线，当它们移动通过色谱柱时这条窄线就逐渐展宽，显然这种现象不利于实现不同组分的分离。

色谱过程实质上是一个分离过程。它是利用混合物中各组分在两相中作用性能的差异作为分离依据的。当流动相中所含的混合物经过固定相时，就会与固定相发生作用。

3

由于混合物中各组分在结构和性质上存在差异，它们与固定相发生作用的大小、强弱就有差别。因此，在同一条件下，不同组分在固定相中滞留时间不同，形成差速迁移，使混合物中有微小差别的各组分得以分离。

1.2.2 色谱流出曲线

试样各组分经色谱柱分离后，从柱后流出进入检测器，检测器将各组分浓度（或质量）的变化转为电压（电流）信号，再由记录仪记录后，所得的电信号强度随时间变化的曲线，称为色谱流出曲线（chromatographic elution curve），也称为色谱图（chromatogram）。

下面以某一组分的流出曲线为例说明色谱法的常用术语，如图 1-2 所示。

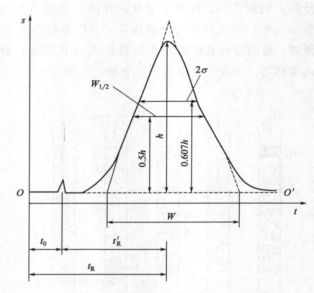

图 1-2 色谱流出曲线和区域宽度

（1）基线（baseline）

在操作条件下，色谱柱后没有组分流出时的流出曲线称为基线。稳定的基线就是一条平行于横轴的直线。如图 1-2 中 OO' 所示。基线反映仪器（主要是检测器）的噪声随时间的变化。

（2）色谱峰（chromatographic peak）

色谱峰是流出曲线上的突起部分（prominent part）。正常色谱峰为对称形正态分布曲线，也就是曲线有最高点，以此点的横坐标为中心，曲线对称地向两侧快速、单调下降。不正常色谱峰（abnormal chromatographic peak）有两种：拖尾峰及前延峰。

拖尾峰：前沿陡峭后沿平缓的不对称色谱峰，称为拖尾峰（tailing peak）。

前延峰：前沿平缓后沿陡峭的不对称色谱峰，称为前延峰（leading peak）。

正常色谱峰与不正常色谱峰可用对称因子 f_s（symmetry factor）来衡量。对称因子在 0.95～1.05 之间为对称峰；小于 0.95 为前延峰；大于 1.05 为拖尾峰。

用式(1-1)计算对称因子：

$$f_s = \frac{W_{0.05h}}{2A} = \frac{A+B}{2A} \tag{1-1}$$

式中，$W_{0.05h}$ 为 0.05 倍色谱峰高处的色谱峰宽；A、B 分别为在该处的色谱峰前沿与后沿和色谱峰顶点至基线的垂线（perpendicular）之间的距离。

对称因子的计算示意图如图 1-3 所示。

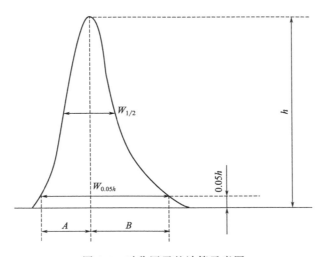

图 1-3　对称因子的计算示意图

1.2.3　定量参数

定量参数常用峰高或峰面积表示。

① 峰高（peak height）　从色谱峰峰顶到基线的垂直距离称为色谱峰高，简称峰高，用 h 表示，如图 1-2 所示。

② 峰面积（peak area）　某一色谱峰曲线和基线延长线所包围的面积称为峰面积，用 A 表示。

1.2.4　定性参数

色谱峰在色谱图中的位置用保留值表示。保留值（retention value）（也称滞流值）是表示试样中各组分在色谱固定相内的滞流的时间的数值，反映了组分分子与固定相分子间作用力的大小。

定性参数常用保留时间（组分被色谱柱所滞留的时间）和保留体积（将组分洗脱流出色谱柱所需要流动相的体积）等保留值表示。

（1）保留时间包括的参数

① 保留时间（retention time）：从进样开始到色谱峰极大点出现时所需的时间，某组分的保留时间就是它通过色谱柱（chromatographic column）所需要的时间，也就是

组分在柱内运行的时间。如图 1-2 所示，t_R 为某组分保留时间。即从进样到柱后某组分出现浓度极大点的时间间隔。

② 死时间 (dead time)：不被固定相保留的组分，从进样开始到出现峰极大值所需要的时间，用 t_M 或 t_0 表示。

③ 调整保留时间 (adjusted retention time)：是某组分由于溶解或被吸附于固定相，比不溶解或不被吸附的组分在柱中多停留的时间，用 t'_R 表示。调整保留时间与保留时间及死时间有如下关系：

$$t'_R = t_R - t_0 \qquad (1\text{-}2)$$

试样通过色谱柱所消耗的时间 t_R，实际上由两部分组成：一部分是由于组分与固定相之间的相互作用而引起组分在柱内滞留所消耗的时间，即组分在固定相滞留时间 t'_R；另一部分是组分在柱内流动相所占的空间内运行所消耗的时间 t_0。故 t'_R 反映了组分与固定相之间的作用，t_0 反映了柱内流动相所占体积大小，而与组分性质无关。因此在实验条件 (experiment condition)（温度、固定相等）一定时，调整保留时间仅决定于组分的性质，所以调整保留时间是色谱法基本的定性参数。同一组分的保留时间受流动相流速的影响，因此又常用保留体积来表示保留值。

（2）保留体积包括的参数

①保留体积 (retention volume)：流动相携带样品进入色谱柱，从进样开始，到某个组分在柱后出现浓度极大点时，所需要通过色谱柱的流动相的体积，用 V_R 表示。保留体积与保留时间及流动相流速有如下关系：

$$V_R = t_R F_c \qquad (1\text{-}3)$$

式中，F_c 为流动相流速 (mL/min)。流动相流速大，保留时间短，两者相乘为常数。因此 V_R 与流动相流速无关。

② 死体积 (dead volume)：由进样器至检测器的流路中，未被固定相占有的空间称为死体积，用 V_M 或 V_0 表示。包括进样器至色谱柱导管的空间、色谱柱中固定相颗粒间间隙、柱出口导管及检测器内腔空间的总和。死体积和死时间及流动相流速有如下关系：

$$V_0 = t_0 F_c \qquad (1\text{-}4)$$

死体积大，色谱峰扩张（展宽），柱效降低。死时间相当于流动相充满死体积的时间。

③ 调整保留体积 (adjusted retention volume)：保留体积中扣除死体积后的体积，用 V'_R 表示。

$$V'_R = V_R - V_0 = t'_R F_c \qquad (1\text{-}5)$$

V'_R 与流动相流速无关，是常用的色谱定性参数之一。

（3）相对保留值 (relative retention value)

相对保留值是两组分的调整保留值之比，用 r 表示，有时也用 α 表示；也是色谱系统的选择性指标。组分 2 与组分 1 的相对保留值用下式表示：

$$r_{21} = \alpha = \frac{t'_{R_2}}{t'_{R_1}} = \frac{V'_{R_2}}{V'_{R_1}} \qquad (1\text{-}6)$$

（4）保留指数 (retention index)

将组分的保留行为换算成相当于正构烷烃的保留行为，即以正构烷烃系列作为组分相对保留值的标准，用两个保留时间紧邻待测组分的基准物质标定该组分，这个相对值称为保留指数，用 I 表示，又称 Kovats 指数。定义式如下：

$$I_x = 100\left[z + n\ \frac{\lg t'_{R(x)} - \lg t'_{R(z)}}{\lg t'_{R(z+n)} - \lg t'_{R(z)}} \right] \tag{1-7}$$

式中，I_x 为被测组分的保留指数，z 和 $z+n$ 为正构烷烃对应的碳原子数目；n 可为 1、2、3、…，通常为 1。

1.2.5　柱效参数

色谱峰区域宽度即色谱峰的宽度，是色谱峰的重要参数之一，可用于衡量色谱柱效（column efficiency）。区域宽度越小，柱效越好，表明分离效果越好。区域宽度可用标准差、半峰宽或峰宽三种方法来描述。

① 标准差 σ（standard deviation）：指正态色谱峰上两拐点间距离的一半，即正常色谱峰 0.607 倍峰高处峰宽的一半，见图 1-2。标准差的大小反映了组分流出色谱柱的离散程度，标准差越小，色谱峰越尖锐，说明组分流出色谱柱时越集中，分离效果越好。

② 半峰宽 $W_{1/2}$（peak width at half height）：峰高一半处的峰宽。半峰宽与标准差的关系为：

$$W_{1/2} = 2.355\sigma \tag{1-8}$$

③ 峰宽 W（peak width）：通过色谱峰两侧的拐点作切线（tangent line），在基线上的截距称为峰宽。峰宽与标准差或半峰宽的关系为：

$$W = 4\sigma \quad 或 \quad W = 1.699W_{1/2} \tag{1-9}$$

$W_{1/2}$ 与 W 都是由 σ 派生而来的，除用它们衡量柱效外，还用它们与峰高计算峰面积。

因此，一个组分的色谱峰可用三项参数来说明：峰高或峰面积用于定量分析；保留值用于定性分析；峰宽用于衡量柱效。

1.2.6　相平衡参数

色谱过程是物质在相对运动着的两相间分配平衡的过程。色谱分离是基于试样在固定相和流动相之间反复多次的分配过程，这种分配过程常用分配系数和容量因子来描述。

（1）分配系数（partition coefficient）

分配系数 K 指一定温度和压力下，达到分配平衡时，待分离组分在固定相和流动相中的浓度之比。可用式（1-10）表示。

$$K = \frac{C_s}{C_m} \tag{1-10}$$

式中，C_s 为组分在固定相中的平衡浓度；C_m 为组分在流动相中的平衡浓度。

分配系数由温度、压力、被分离组分、固定相和流动相的性质决定。不同的物质分配系数不同，这是色谱分离的前提，是组分的特征性常数。

（2）容量因子（capacity factor）

容量因子 k 指一定温度和压力下，达到分配平衡时待分离组分在固定相和流动相中的质量之比。可用式（1-11）表示。

$$k = \frac{m_s}{m_m} = \frac{C_s V_s}{C_m V_m} = K \times \frac{V_s}{V_m} \tag{1-11}$$

式中，m_s 为组分在固定相中的质量；m_m 为组分在流动相中的质量；V_s 为色谱柱中固定相的体积；V_m 为色谱柱中流动相的体积。

容量因子不仅与组分和固定相、流动相的性质、温度、压力有关，还与固定相和流动相的体积有关系。

K 和 k 是两个不同的参数，但在表征组分的分离行为时，两者是完全等效的，都是衡量色谱柱对被分离组分保留能力的重要参数。

（3）分配系数和容量因子与保留时间的关系

设流动相的线速度（linear velocity）为 u，组分的速度为 v，将 v 与 u 之比称为保留比（retention ratio）R'。

$$R' = v/u$$

在定距展开柱色谱中，$v = L/t_R$，$u = L/t_0$，因此：

$$R' = v/u = t_0/t_R \tag{1-12}$$

死时间 t_0 近似于组分在流动相中的时间 t_m。而溶质分子只有出现在流动相中时才能随流动相前移，故保留比与溶质分子在流动相中的分数有关：

$$R' = \frac{t_m}{t_m + t_s} = \frac{N_m}{N_m + N_s} = \frac{C_m V_m}{C_m V_m + C_s V_s}$$

所以：

$$R' = 1/(1+k) \tag{1-13}$$

由式（1-12）和式（1-13）得：

$$t_R = t_0(1+k) = t_0 \left(1 + K \times \frac{V_s}{V_m}\right) \tag{1-14}$$

式（1-14）是色谱法的基本公式之一，称为色谱过程方程式（chromatographic process equation），说明保留时间与分配系数的关系。由此式可知，在色谱柱一定时，V_s 与 V_m 一定；若流速、温度一定，则 t_0 一定。这样 t_R 就取决于分配系数 K，K 大的组分 t_R 长。K 与温度、压力、组分的性质、流动相与固定相的性质有关。因此，在实验条件一定时，t_R 取决于组分的性质，因而 t_R 可用于组分的定性分析。

那么调整保留时间与分配系数和容量因子有何关系？

由式（1-14）可知 $k = \dfrac{t_R - t_0}{t_0} = \dfrac{t_R'}{t_0}$ \hfill (1-15)

显然，组分的容量因子大，则表示组分有较长的保留时间。容量因子与柱效参数及定性参数密切相关，而且比分配系数易于测定，在色谱分析中一般用容量因子代替分配系数。因此容量因子也是在一定色谱条件下的定性参数。

（4）容量因子不等是分离的先决条件

要想使两个组分通过色谱柱后能被分离，它们的保留时间必须不等，否则两者重叠（overlap）而不能分开。

由式(1-14) $t_R = t_0(1+k)$ 可知

$$\Delta t_R = t_{R_2} - t_{R_1} = t_0(k_2 - k_1) \tag{1-16}$$

欲使 $\Delta t_R \neq 0$，必须使 $k_2 \neq k_1$（或 $K_2 \neq K_1$）。因此，容量因子（或分配系数）不等是分离的先决条件。

综上所述，当色谱条件一定时，t_R' 与 K 和 k 成正比。K 或 k 大，t_R' 长，说明组分在柱中滞留的时间长，晚出柱。由于混合物中各组分的分配系数不同，使得各组分在柱中滞留的时间不同，从而使混合物中有微小差别的组分得以分离。

1.2.7　分离参数

分离参数（separation parameter）包括分离因子和分离度。它们是描述相邻组分分离状态的重要指标。

（1）分离因子

分离因子（separation factor）是两种物质调整保留值之比，又称分配系数比或选择性系数（selectivity coefficient），以 α 表示。

$$\alpha = \frac{t_{R_2}'}{t_{R_1}'} = \frac{V_{R_2}'}{V_{R_1}'} = \frac{K_2}{K_1} = \frac{k_2}{k_1} \tag{1-17}$$

显然分离因子 $\alpha \neq 1$ 是色谱分离的前提条件（precondition）。

（2）分离度

分离度 R（resolution）是衡量色谱系统分离效能的总指标，评价待测组分与相邻组分之间的分离程度。通常用相邻两组分色谱峰保留时间的差值与两个色谱峰峰宽平均值的比值表示。如图 1-4，其大小可用式(1-18) 计算。

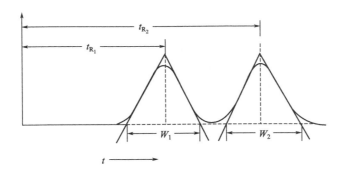

图 1-4　分离度的计算示意图

$$R = \frac{t_{R_2} - t_{R_1}}{(W_1 + W_2)/2} = \frac{2(t_{R_2} - t_{R_1})}{W_1 + W_2} \tag{1-18}$$

式中，t_{R_2} 为组分 2 的保留时间；t_{R_1} 为组分 1 的保留时间；W_1 为组分 1 的色谱峰的峰宽；W_2 为组分 2 的色谱峰的峰宽。

R 值越大，两个色谱峰间距离越远，分离效果越好。若组分 1、2 的色谱峰为正常峰时，两个色谱峰的峰宽大致相当，且 $W_1 \approx W_2 = 4\sigma$。当 $R = 1$ 时，两个色谱峰基本分开，被分离的峰面积达到 95.4%。当 $R = 1.5$ 时，$W_1 \approx W_2 = 6\sigma$，两个色谱峰完全分离，被分离的峰面积达到 99.7%，因此，在定量分析时，常用 $R \geqslant 1.5$ 检测色谱峰是否完全分离。

例 1-1 分离含 A 和 B 两组分的样品，测得组分保留时间分别为 1.41min、2.67min，空气的保留时间为 0.24min。计算：①各组分的调整保留时间和容量因子；②相邻两组分的分配系数比。

解：① $t'_{R_A} = t_R - t_0 = 1.41 - 0.24 = 1.17$ （min）

$t'_{R_B} = 2.67 - 0.24 = 2.43$ （min）

容量因子分别为

$$k_A = \frac{t'_{R_A}}{t_0} = \frac{1.17}{0.24} = 4.88$$

$$k_B = \frac{t'_{R_B}}{t_0} = \frac{2.43}{0.24} = 10.13$$

② 相邻峰分配系数比为

$$\alpha_{AB} = \frac{k_B}{k_A} = \frac{10.13}{4.88} = 2.08$$

1.3 色谱法基本理论

色谱法是一种分离分析的方法。无论进行定性或定量工作，首先必须使两组分分开，所以分离是分析的前提。要使两组分能完全分离即两组分要有足够的分离度，首先是使它们的保留时间有足够的差值，而保留时间与分配系数有关，即与色谱热力学过程（thermodynamic process）有关。其次是色谱峰宽要足够窄，而峰展宽与色谱动力学过程有关。作为一种色谱理论，它不仅应说明组分在分离过程中在两相中的分配过程，而且还应说明组分在移动过程中引起峰变宽的原因。因此，色谱理论的研究应包括热力学（thermodynamics）和动力学（dynamics）两方面。热力学是从相平衡（phase equilibrium）观点来研究分配过程，以塔板理论（plate theory）为代表。动力学理论是从动力学观点来研究各种动力学因素对峰展宽的影响，以速率理论（rate theory）为代表。

1.3.1 塔板理论

在色谱分离技术发展的初期，马丁（Martin）和辛格（Synge）将色谱分离过程比作分馏过程（fractional distillation），直接引用了处理分馏过程的概念、理论和方法来处理色谱分离过程。即把连续的色谱过程看作许多小段平衡过程的重复，从而提出塔板理论。这个半经验性的理论把色谱柱比作一个蒸馏塔（distillation tower），在柱内有若干个想象的塔板（column plate），在每个塔板的间隔内，样品混合物在气液两相中达到分配平衡，经过多次的分配平衡后，分配系数小的组分（挥发性大的组分）先达到塔顶

（先流出色谱柱）。由于色谱柱的塔板数远比分离塔的塔板数多，致使分配系数仅有微小差别的组分，得到很好的分离效果。

（1）基本假设

塔板理论是在以下假设的前提下提出的。

① 在柱内一小段高度 H 内，组分可以很快在两相中达到分配平衡。H 称为理论塔板高度（height equivalent to a theoretical plate，HETP），简称板高。

② 流动相通过色谱柱不是连续的前进，而是间歇式的，且每次只进入一个塔板体积。

③ 样品都加在第 0 号塔板上，且样品沿色谱柱方向的扩散（纵向扩散）可以忽略。

④ 分配系数在各塔板上是常数。

塔板理论的假设，实际上是将连续的分离过程分解为间歇的单个塔板的分配行为，通过塔板理论可以推导出色谱流出曲线的数学表达式。

（2）质量的分配和转移

塔板理论可先用一系列分液漏斗的液-液萃取过程来说明，一个分液漏斗相当于一层塔板。假设分离一个双组分的混合物，设一个组分的分配系数为 2，并假设上层（流动相）与下层（固定相）的体积相等。若溶质（样品）加至 0 号漏斗的量用 100% 表示，将此漏斗振摇，平衡后，上层含溶质的 33.3%，下层含 66.7%。将上下两层分开，并将上层转移至 1 号漏斗。0 号及 1 号漏斗分别添加等体积的流动相及固定相，振摇、平衡、转移，如此三次，则溶质在各管中的含量的分布如图 1-5 所示。

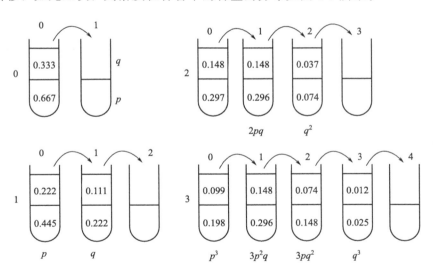

图 1-5　逆流分配流程图

图 1-5 所示的萃取过程，相当于上层向右流动，下层（固定相）虽然不移动，但相当于相对地向左移动。溶质在逆向流动的两相中分配，故称逆流分配或反流分布。

在逆流分配中，上层溶质含量 q 与下层溶质含量 p，经 N 次转移后，在各管中溶质含量的分布符合二项式的展开式，因此称为二项式分布。

$$(p+q)^N \tag{1-19}$$

p、q 用百分数表示，则：

$$(p+q)^N = 1 \qquad\qquad (1\text{-}20)$$

用二项式定理计算三次转移后，各管中的溶质含量：

$$(p+q)^3 = (p^3 + 3qp^2 + 3q^2p + q^3) \qquad\qquad (1\text{-}21)$$

将 $p=0.667$，$q=0.333$ 代入得：

$$(0.667+0.333)^3 = 0.297 + 0.444 + 0.222 + 0.037 = 1$$

管号：　　　　　　　　　　　0　　　1　　　2　　　3

所计算出的四项数，正好是第 0、1、2 及 3 号管中上下两层溶质百分数之和。

转移 N 次后第 r 号管中的含量 $^N X_r$，可由下述通式求出：

$$^N X_r = \frac{N!}{r!(N-r)!} p^{N-r} q^r \qquad\qquad (1\text{-}22)$$

上例 $N=3$，0 号管（$r=0$）的含量：

$$^3 X_0 = \frac{3!}{0! \times (3-0)!} \times 0.667^{(3-0)} \times 0.333^0 = 0.297$$

$N=3, r=3$ 时：

$$^3 X_3 = \frac{3!}{3! \times (3-3)!} \times 0.667^{(3-3)} \times 0.333^3 = 0.037$$

与上述计算一致。

需要说明一点，p、q 原分别为 $N=0$ 时，第 0 号管中上下两层溶质的含量，但在 $N=1$ 时，q 转移到 1 号管，p 则留在 0 号管。此时 p 和 q 则分别代表 0 号管及 1 号管中上下层溶质含量之和。二项式展开后各项相当于各管中某一个组分溶质的总量。对于 N 次转移后，各管中上下层溶质的各自含量 q' 与 p'，则需用分配系数 K 计算。若上、下层体积相同，则：

$$K = \frac{p}{q}; \qquad q_r^1 = \frac{1}{K+1}\, ^N X_r; \qquad p_r^1 = \frac{K}{K+1}\, ^N X_r$$

上例：$q_0^1 = \frac{1}{K+1} p^3 = \frac{1}{2+1} \times 0.297 = 0.099$ 　　　$p_0^1 = \frac{K}{K+1} p^3 = \frac{2}{2+1} \times 0.297 = 0.198$

$q_1^1 = \frac{1}{K+1} \times 3p^2 q = \frac{1}{2+1} \times 0.444 = 0.148$ 　　　$p_1^1 = \frac{K}{K+1} 3p^2 q = \frac{2}{2+1} \times 0.444 = 0.296$

……以此类推，可参看图 1-6。

现结合色谱柱进一步说明，并假设样品为两组分的混合物，$K_A = 2$；$K_B = 0.5$。根据塔板理论的假设，按逆流分配的解析方法，气液分配色谱过程可用图 1-6 说明。图中各塔板中组分 A 和 B 的含量，可用二项式定理计算。气相与液相中组分 A 和 B 的含量是通过分配系数的计算而得。

图 1-6 中，上格代表 A、B 在载气中的含量（用百分数表示），下格代表在固定液中的含量。根据塔板理论的假设，样品加在第 0 号塔板后，则停止进气。待分配平衡后，A、B 在两相的浓度比为分配系数。再通入一个塔板体积的载气，将原第 0 号塔板中的载气，推入到第 1 号塔板中，停止进气。第 0 号塔板及第 1 号塔板中重新分配，达到平衡后，再通气转移。

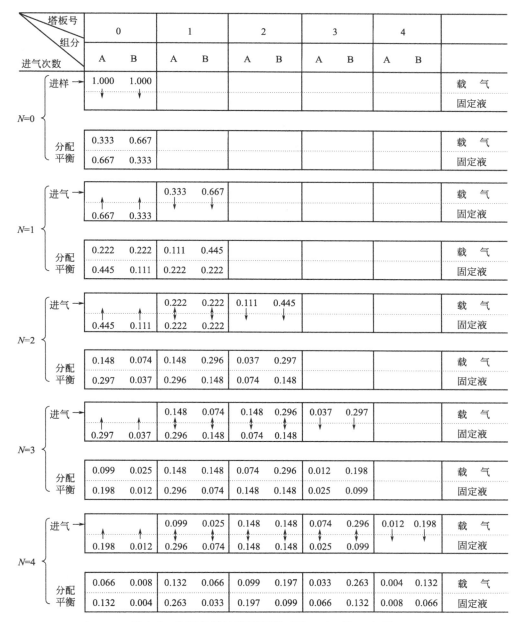

图1-6　分配色谱过程模型图（$K_A = 2$，$K_B = 0.5$）

由图1-6所示，分配系数大的组分A，在转移四次后，它的浓度最高峰在第1号塔板（0.132＋0.263）。而分配系数小的组分B的浓度最高峰，则在第3号塔板（0.263＋0.132）。

因此，可以说明分配系数小的组分迁移速度快。上述仅仅分析了五块塔板、转移四次的分离情况。事实上，一个色谱柱的塔板数为 $10^3 \sim 10^6$，因此微小的分配系数差别，即能获得很好的分离效果。

（3）色谱流出曲线方程

用二项式定理虽然可以计算各塔板上的溶质分布，但用所得计算结果绘制流出曲线为不对称二项式分布曲线（图1-7），这是因为塔板数太少的缘故。当塔板数大于50时，则可得到对称曲线。

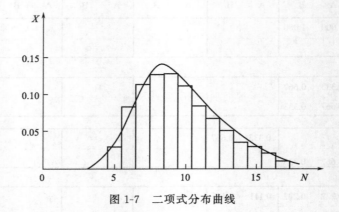

图 1-7　二项式分布曲线

而一般色谱柱的塔板数在 10^3 以上，用二项式定理已不能计算，须用正态分布方程式来讨论。流出曲线上浓度（c）与时间（t）的关系，可用流出方程式说明：

$$c = \frac{C_0}{\sigma\sqrt{2\pi}} e^{-\frac{(t-t_R)^2}{2\sigma^2}}$$ (1-23)

式中，σ 为标准差；t_R 为保留时间；c 为任意时间 t 时的浓度；C_0 为与进样量有关的常数。

当 $t=t_R$ 时，式（1-23）中 e 的指数为零，此时浓度最大，用 c_{max} 表示。

$$c_{max} = \frac{C_0}{\sigma\sqrt{2\pi}}$$ (1-24)

c_{max} 即流出曲线上的峰高，故也可用 h_{max} 表示，若 h_{max} 以长度为单位，则 C_0 为峰面积。

将式（1-24）代入式（1-23）：

$$c = c_{max} e^{-\frac{(t-t_R)^2}{2\sigma^2}}$$ (1-25)

式（1-25）为色谱流出曲线方程式的常用表达式。此式说明，不论 $t>t_R$ 或 $t<t_R$，在 t 时间所对应的浓度 c 恒小于 c_{max}。c 随时间 t 向峰顶两侧下降的速率取决于 σ。σ 越小，峰越锐。

（4）塔板数和塔板高度

根据色谱流出曲线方程，经过一系列推导后，可导出理论塔板数与标准差和保留时间的关系：

$$n = \left(\frac{t_R}{\sigma}\right)^2$$ (1-26)

而 $W_{1/2}=2.355\sigma$，$W=4\sigma=1.699W_{1/2}$，根据式（1-26）可以得出：

$$n = 16\left(\frac{t_R}{W}\right)^2 \text{ 或 } n = 5.54\left(\frac{t_R}{W_{1/2}}\right)^2$$ (1-27)

则理论塔板高度通常用 H 表示：

14

$$H=\frac{L}{n} \tag{1-28}$$

理论塔板数和理论塔板高度可定量地描述色谱柱的柱效。但在实际应用中，常常出现计算出的 n 值虽然很大，但色谱柱的分离效率却不高的现象。这是由于死体积的存在，组分由此消耗的死时间与分配平衡无关，扣除死体积或死时间后，可真实地反映色谱柱的分离效能。因此，常用调整保留时间 t'_R 代替保留时间 t_R，计算出的塔板数称为有效塔板数（number of effective plates） n_{eff}，根据有效塔板数算出的塔板高度称为有效塔板高度（effective plate height） H_{eff} 作为衡量柱效的指标。其计算公式为：

$$n_{eff}=\left(\frac{t'_R}{\sigma}\right)^2=5.54\left(\frac{t'_R}{W_{1/2}}\right)^2=16\left(\frac{t'_R}{W}\right)^2 \tag{1-29}$$

$$H_{eff}=\frac{L}{n_{eff}} \tag{1-30}$$

塔板理论用热力学的观点阐明了组分在色谱柱中的分离过程，导出了色谱流出曲线方程，定量地评价了色谱柱的柱效。但塔板理论的某些假设与实际分离过程不符，如待分离组分在两相间可以瞬间达到分配平衡，流动相是间歇式进入色谱柱，纵向扩散可以忽略。事实上，在色谱分离的过程中，流动相携带组分通过色谱柱时，组分在固定相与流动相间几乎没有真正的平衡状态。且组分在色谱柱中以"塞子"的形式移动，纵向扩散不能忽略。塔板理论无法解释同一色谱柱在不同的流动相流速时柱效不同，即测得不同的理论塔板数的事实无法解释柱效与流动相流速的关系。当然更无法说明影响柱效的主要因素。

由于存在以上不足，荷兰学者范第姆特（van Deemter）提出了速率理论（rate theory），从动力学理论研究了色谱峰扩张而影响塔板高度的因素。

1.3.2　速率理论

范第姆特在总结前人研究成果的基础上，提出了色谱过程动力学理论即速率理论。导出影响板高 H（使板高扩张）的三项主要因素，提出了 van Deemter 方程式。

$$H=A+B/u+Cu \tag{1-31}$$

式中，H 为塔板高度；u 为流动相的线速度（cm/s）；A 为涡流扩散系数；B 为纵向扩散系数；C 为传质阻抗系数。

由式(1-31)说明，在 u 一定时，A、B 及 C 三个常数越小，峰越锐，柱效越高；反之则柱效低，峰扩张。A、B、C 为影响峰扩张的三项因素。

由此可见影响 H 的因素为：涡流扩散项、纵向扩散项和传质阻抗项。欲降低 H 的数值，提高柱效率，需降低式(1-31)中各项的数值。下面分别讨论各项的物理意义。

（1）涡流扩散项（eddy diffusion）

在填充色谱柱中，载有组分分子的流动相碰到填充物颗粒（particle size）时，不断改变流动方向，使组分分子在流动相中形成紊乱的类似"涡流"的流动。由于填充物颗粒大小的不相同，以及填充的不均匀性，使组分分子通过填充柱时，有许多长短不等的路径，如图 1-8 所示。

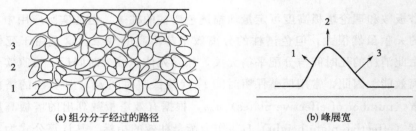

(a) 组分分子经过的路径　　　　　　(b) 峰展宽

图 1-8　涡流扩散产生的峰展宽

同一组分的不同分子，经过不同长度的途径流出色谱柱，到达柱尾出口处的时间有先有后，因此称为多径项，结果使色谱峰展宽。涡流扩散项引起的峰展宽由式（1-32）表示：

$$A = 2\lambda d_p \tag{1-32}$$

式中，λ 为填充不规则因子，其数值与固定相颗粒大小、固定相颗粒的分布及固定相填充的均匀程度有关；d_p 为填充物颗粒的粒度平均直径。

式（1-32）表明，填充不均匀，填充物直径大则峰扩张，柱效低。反之则峰锐，柱效高。使用适当小颗粒和粒度均匀的填充物（packing material），使填充均匀，λ 小而紧密，是减小涡流扩散、提高柱效的有效途径。

（2）纵向扩散项（B/u）

纵向扩散（longitudinal diffusion）也称为分子扩散（molecular diffusion）。纵向扩散是由组分分子在色谱柱中的浓度梯度造成的。当样品组分被流动相带入色谱柱后，以"塞子"的形式存在于柱的很小一段空间中，在"塞子"前后（纵向）存在着浓度差，而形成浓度梯度，势必导致运动着的分子产生纵向扩散，如图 1-9 所示。在色谱柱的轴向上造成浓度梯度，使组分分子从高浓度处向低浓度处扩散，引起色谱峰展宽。分子扩散项系数 B 为：

$$B = 2\gamma D_m \tag{1-33}$$

式中，γ 为弯曲因子（bent factor），指在色谱柱中，固定相填充物颗粒的形状使色

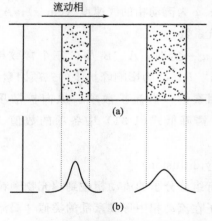

图 1-9　纵向扩散产生的峰展宽

16

谱柱内扩散路径弯曲对组分分子的扩散所起的阻碍作用，其大小与填充物的形状及填充状况有关；D_m 为组分在流动相中的扩散系数，其大小与流动相和组分的性质及柱温有关。

组分的分子量大，D_m 小；D_m 与流动相分子量的平方根成反比。为了减小 B/u 项（分子扩散项），需要高流速、大分子量的流动相。

（3）传质阻抗项（Cu）

物质系统由于浓度不均而发生的物质迁移过程，称为传质。影响该过程进行速度的阻力，称为传质阻力。如气相色谱中，传质阻抗系数 C 包括气相传质阻抗系数 C_g 和液相传质阻抗系数 C_1：

即
$$C = C_g + C_1 \tag{1-34}$$

当组分进入色谱柱后，由于它对固定液的亲和力，组分分子首先从气相向气液界面移动，进而向液相扩散分布。然后，由于热搅动又会从液相出来进入气相。整个过程叫作传质过程。传质过程需要时间，而且在流动状态下，分配平衡不能瞬间达到。其结果是进入液相的组分，因其在液相有一定的停留时间，当它返回气相时，必然落后于在气相中随同载气向柱口方向运动的组分。这就如同组分向前流动受到阻力一样，因此称为传质阻力。传质阻抗项是描述在液相中影响传质速度的因素。由于传质阻力的存在，增加了组分在液相中停留的时间，而晚回到气相中去。

因此这些组分的分子滞后于原在气相中随同载气流动的分子，使峰扩张。传质阻抗项可分为气相传质阻抗项和液相传质阻抗项。

气相传质阻抗项是由于组分由气相到气液两相界面进行浓度分配时形成的，从气相到气液界面所需时间越长，则传质阻力越大，引起峰展宽也越大。如图 1-10 所示。

$$C_g u = \frac{0.01 k^2}{(1+k)^2} \times \frac{d_p^2}{D_g} u \tag{1-35}$$

式中，D_g 为组分分子在气相中的扩散系数。

由式(1-35)可见，气相传质阻抗与填充物粒度的平方成正比，与组分在气相中的扩散系数成反比。因此采用粒度小的填充物和分子量小的气体（如 H_2）作载气，可使 C_g 减小，可提高柱效。

液相传质阻抗项是由于组分分子从气液两相界面扩散至固定液内，达到平衡后再返回两相界面的传质过程所形成的，这一过程也会引起峰展宽。

$$C_1 u = \frac{2}{3} \times \frac{k}{(1+k)^2} \times \frac{d_f^2}{D_1} u \tag{1-36}$$

式中，d_f 为固定相液膜厚度（liquid film thickness）；D_1 为组分在液相中扩散系数（diffusion coefficient）。

由式(1-36)可见，液相传质阻抗与固定相液膜厚度成正比，与组分分子在液相中的扩散系数成反比。因此，液膜厚度小，组分在固定液中的扩散系数大，可以减小液相传质阻力，减小峰扩展。显然，降低固定液用量，可以降低液膜厚度，但 k 值随之减小，又会使 C_1 增大。当固定液含量一定时，液膜厚度随载体比表面积增大而降低，因

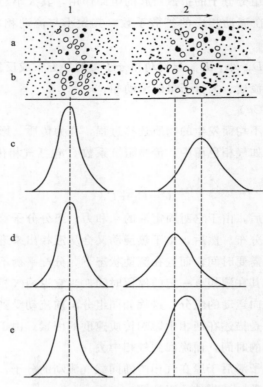

图 1-10　传质阻抗项产生的峰展宽

此一般采用比表面积较大的载体来降低液膜厚度。提高柱温，虽然可增大 D_1，但会使 k 减小，为了保持适当的 C_1 值，应控制适当的柱温。

当固定液含量较高，液膜较厚，载气流速为中等线速度，板高主要受液相传质系数 C_1 的控制，此时，气相传质系数 C_g 很小，可以忽略。然而，随着色谱的发展，当采用低固定液含量色谱柱和高载气线速度进行分析时，气相传质阻抗就会成为影响塔板高度的重要因素。

由式（1-36）可知，使 C_1 减小的办法有三个。

① 降低固定液液膜厚度（d_f）。d_f 越小，则 C_1 也越小。在能完全覆盖载体表面的前提下，可适当减少固定液的用量。

② 温度与扩散系数 D_1 成正比，柱温增加，D_1 增大，使得 C_1 变小，但会使 k 减小，为了保持适当的 C_1 值，应控制适当的柱温。

③ k 值对 C_1 的影响。反映在 $k/(1+k)^2$ 上，当 $k>1$ 时，k 增大，C_1 减小。$k=1$ 时，$k/(1+k)^2$ 有极大值，柱效最低。此时：

$$C_1 = \frac{1}{6} \times \frac{d_f^2}{D_1} \tag{1-37}$$

当 $k<1$ 时，k 减小，C_1 减小。一般情况 $k>1$。

将 A、B 和 C 代入式（1-35）中，即可得到色谱板高方程式：

$$H = 2\lambda d_p + \frac{2\gamma D_m}{u} + \left[\frac{0.01k^2}{(1+k)^2} \times \frac{d_p^2}{D_g} + \frac{2kd_f^2}{3(1+k)^2 D_1} \right] u \tag{1-38}$$

18

式(1-38)为范第姆特方程，也可称为速率方程。

由以上讨论可知，van Deemter 方程式表明理论塔板高度是引起峰扩展的各因素对理论塔板高度的贡献的总和。指出影响柱效的因素，为色谱分离条件的选择提供理论指导。它可以说明，填充均匀程度、固定相粒度、固定液层厚度、流动相种类和流速、柱温等对柱效的影响。

（4）流速对柱效的影响

根据范第姆特方程式，流动相线速度对涡流扩散项无影响；如图 1-11 所示，流动相线速度较低时，纵向扩散项随线速度的升高逐渐减小，当线速度逐渐升高时，对纵向扩散项的影响逐渐减小直至趋于平缓；而传质阻抗项在流速较低时，随流动相线速度的增加而增大，但线速度较高时，传质阻抗项基本为一定值。

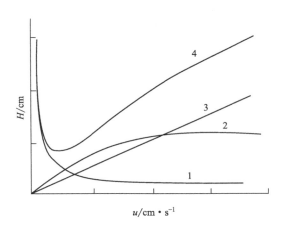

图 1-11　流速与纵向扩散和传质阻抗的关系
1—纵向扩散项；2—流动相传质阻抗项；3—固定相传质阻抗项；4—H-u 关系曲线

由图 1-11 可见流动相线速度对传质阻抗项和纵向扩散项的影响是相反的，低流速时，塔板高度主要受纵向扩散项的影响，随流速增加，纵向扩散项迅速减小，塔板高度降低；而高流速时，塔板高度主要受传质阻抗的影响，随流速增加，纵向扩散项增大，塔板高度增大。因此，纵向扩散和传质阻抗的综合影响使某一流速有最低的塔板高度 H，此时柱效最高，这一流速称为最佳流速 $u_{最佳}$。

综上所述，在色谱法的两个理论中，塔板理论说明色谱分离的原因，速率理论说明色谱峰扩张即柱效降低的影响因素。两个理论主要用于色谱实验条件的选择，两组分色谱分离的本质是它们在两相中分配系数不等形成迁移速度的不同。分离的效果取决于组分的性质及外部实验条件，包括色谱柱、固定相等的选择。

1.4　色谱分离方程式

色谱分析的任务是对混合物中各组分进行定性和定量分析，为此必须将各组分分离。一个混合物能否被色谱柱分离，取决于固定相与混合物中各组分分子间相互作用的大小是否有区别。但在色谱分离过程中，各种操作因素的选择是否合适，对于实现分离的可能性有很大的影响。因此在色谱分离过程中，不但要根据所分离的对象选择适当的固定相使其中各组分有可能分离，而且还要创造一定的条件使这种可能性得以实现，并达到最佳分离效果。

分离度概括了色谱过程动力学和热力学特性，它是衡量色谱柱分离效能的总指标。但式(1-18)纯属经验式，它不能预计怎样的分离条件会有怎样的分离结果，故它无法作为改善分离的依据。因此必须知道分离度 R 与色谱分析中的重要参数柱效（n）、容量因子（k）和分离因子（α）的关系，从而通过控制这些参数来达到所希望的分离度。

假设两组分峰宽近似相等，可推导出柱效、分离因子和容量因子的关系式：

$$R = \frac{\sqrt{n}}{4} \times \frac{\alpha - 1}{\alpha} \times \frac{k}{1+k} \tag{1-39}$$

式(1-39)为分离方程式，是色谱法中最重要的方程式之一，为了讨论方便现假定这三个参数的变化是独立的，下面分别考察其对分离度的影响。

1.4.1　分离度与柱效的关系

分离度 R 与 $\sqrt{n}$ 成正比，即 n 增大为原来的 2 倍，R 只增大至 1.4 倍。尽管如此，增大理论塔板数仍是提高分离度的最直接也是最有效的手段。因为 R 随着 n 的增大没有限度。增大理论塔板数有两种途径：增加柱长和提高柱效。n 与柱长成正比，增大柱长可以增加理论塔板数。然而柱长增加一倍，分析时间和柱压也增加一倍。所以，设法降低板高 H，提高柱效，才是提高分离度的最好方法。根据速率理论，为了提高柱效首先需要采用直径较小、粒度均匀的固定相，均匀地填充色谱柱。分配色谱还需控制较薄的液膜厚度。然后需要在适宜的操作条件下工作，如流动相的性质、流速、温度等。

1.4.2　分离度与容量因子的关系

分离度 R 与 $k/(1+k)$ 成正比。当 k 趋于 0 时，R 也趋于 0；当 k 值增大时，$k/(1+k)$ 项增大，R 随之增大；当 k 值太大时，k 增大对 R 增大的贡献极小，并且分析时间大大延长，导致谱峰扩展严重，有时甚至造成谱带检测的困难。所以应该将 k 控制在适当的范围内。

由图 1-12 可知，当 $k > 5$ 后，R 增大已经很慢，当 $k > 10$ 时，R 增大不多，但分析时间却明显延长。洗脱时间曲线的极小值位于 $k = 2 \sim 3$。因此，从分离度 R、分离时间及对峰的检测等方面综合考虑，k 的最佳值一般控制在 $2 \sim 5$。在气相色谱中，增加固定液的用量可使 k 值增大，降低柱温，k 值也增大。在液相色谱中，对 k 值的控制，通常是通过控制流动相强度（极性）来实现的，流动相强度大，k 值小。

1.4.3　分离度与分离因子的关系

由式(1-39)可见，R 与 $\frac{\alpha-1}{\alpha}$ 成正比，α 值越大，$\frac{\alpha-1}{\alpha}$ 值越大，R 也随着增大。当

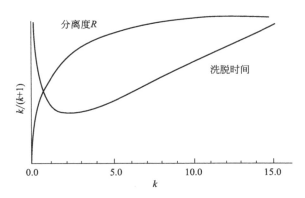

图 1-12 容量因子 k 对分离度和洗脱时间的影响

$\alpha=1$ 时，$R=0$，不能实现分离。但 α 值的微小变化都对 R 有很大影响，例如 α 从 1.0 改变为 1.1 时，可以提高分离度大约一倍，因此增大 α 值是改善分离度最有力的手段。然而问题在于 α 的变化不像 n 和 k 那样有规律可循。在气相色谱中，α 值主要取决于固定相的性质，并对温度有很大的依赖性，一般降低柱温可使 α 值增大。在液相色谱中，主要通过改变流动相和固定相的性质来调整 α 值，温度的作用很小。

综上所述，n、k 和 α 对分离度 R 的影响如图 1-13 所示，增加 k，分离度 R 增加，但使峰明显变宽；增加 n，则峰变窄，而改善分离度；增加 α，增加分离度，峰距变大。

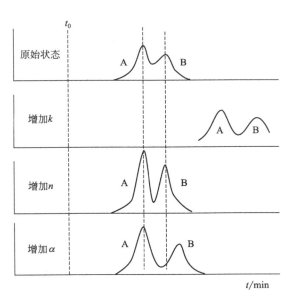

图 1-13 容量因子（k）、柱效（n）及分离因子
（α）对分离度（R）的影响

例 1-2 图 1-14 提供了三个色谱图，请根据具体情况选择改进分离度的途径。

解：在图 1-14(a) 中，两个峰相当尖锐，且与 t_0 有足够大的距离。但由于选择性因子 α 很小，两种组分未能分开。此时，可改变色谱条件，增大 α 值，可使 R

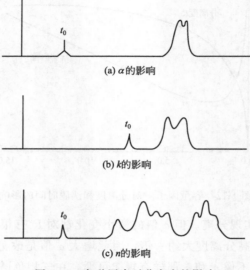

(a) α 的影响

(b) k 的影响

(c) n 的影响

图 1-14　各种因素对分离度的影响

提高。

从图 1-14(b) 可见，两峰与 t_0 距离较近，且未分开，这是由于 k 值较小，n 也较小所致。可考虑增大相比或降低温度，使 k 增加，从而提高 R。

从图 1-14(c) 可见，该样品是个多组分的混合物，其中许多色谱峰均未被分开。此时，增加色谱的理论塔板数，可能是改善分离的最好办法。

本章小结

本章内容主要包括色谱法的分类、色谱过程、色谱参数、色谱基本理论和色谱分离方程式。

色谱法的分类根据固定相、流动相的状态、操作方式、分离机制等不同对色谱法分类。色谱过程是组分在流动相与固定相中的分配系数不等，形成差速迁移而分离；色谱参数包括定性参数（保留时间、保留体积、保留指数），定量参数（峰高和峰面积），柱效参数（标准差、峰宽、半峰宽），相平衡参数（分配系数和容量因子），分离参数（分离度和分离因子）。色谱基本理论包括塔板理论和速率理论。塔板理论是从热力学平衡观点研究色谱过程，说明色谱过程分离的原因。速率理论是从动力学观点研究影响色谱柱柱效的因素，主要用于指导色谱实验条件的选择。色谱分离方程式概括了色谱过程动力学和热力学特性，导出了分离度与柱效、分离因子和容量因子的关系，它是衡量色谱柱分离效能的总指标。

本章内容概图

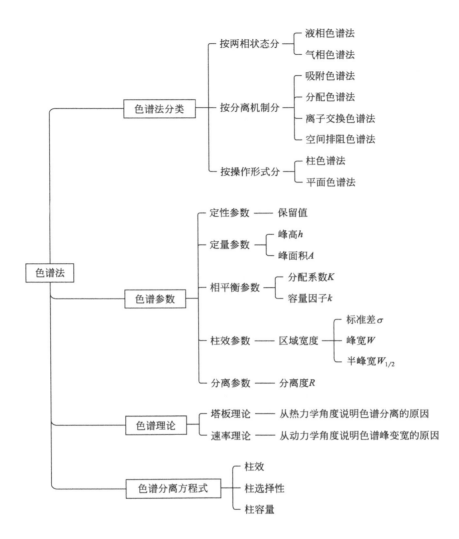

习　题

1. 什么是色谱法？色谱分析的任务是什么？

2. 一个组分的色谱峰可用哪些参数描述？

3. 写出色谱过程方程式。为什么说在色谱条件一定时保留时间是色谱的定性参数？

4. 什么是塔板理论？它对色谱的贡献和它的局限性是什么？

5. 请写出范式方程的表达式。如何理解范式方程？

6. 根据你所学的知识比较塔板理论和速率理论的贡献与不足。

7. 为什么说分离度是衡量色谱柱分离效能的总指标？

8. 解释下列概念：（1）分配系数（partition coefficient）；（2）容量因子（capacity factor）；（3）分配色谱法（partition chromatography）；（4）吸附色谱法（adsorption chromatography）。

9. 在一个 3m 长的色谱柱上，分离一个样品的结果如图。

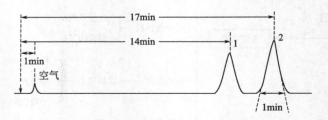

计算：（1）两组分的调整保留时间 t'_{R_1} 及 t'_{R_2}；（2）用组分 2 计算色谱柱的有效塔板数 n_{eff} 及有效塔板高度 H_{eff}；（3）两组分的容量因子 k_1 及 k_2；（4）它们的分配系数比 α 及分离度 R；（5）欲使两组分的分离度为 1.5，所需要的最短柱长？［（1）$t'_{R_1} = 13.0$min，$t'_{R_2} = 16.0$min；（2）$n_{eff} = 4096$，$H_{eff} = 0.73$mm；（3）$k_1 = 13.0$，$k_2 = 16.0$；（4）$\alpha = 1.2$，$R = 3.0$；（5）$L_2 = 0.75$m］

10. 在一个塔板数为 8100 的色谱柱上，分离异辛烷与正辛烷，它们的保留时间分别为 13 分 20 秒和 13 分 35 秒。问：（1）两组分通过该柱时的分离度是多少？（2）若两组分的保留时间不变，要使分离度达到 1.0，则需要多少理论板数？（0.41；4.8×10^4）

第2章 经典液相色谱法

学习提要

    掌握经典液相色谱法的分类和原理；掌握柱色谱法的主要操作步骤；掌握薄层色谱法和纸色谱法的原理、各步骤的操作方法以及常见的问题和消除的方法。熟悉薄层色谱法定性和定量分析方法。了解经典液相色谱法的应用。

    经典液相色谱法包括经典柱色谱法和平面色谱法，是在常压下借助重力或毛细作用输送流动相的色谱方法。具有操作方便、设备简单、分析速度快等特点，广泛应用在药物研究、环境化学及化学化工等行业，尤其是在天然药物的分离研究及中药材的鉴别等方面发挥着独特的作用。

2.1 柱色谱法

    柱色谱法是在玻璃柱或不锈钢管中填入固定相的色谱法。流动相为液体，固定相为吸附剂、离子交换树脂、凝胶等，柱容量大，适用于微量成分的分离和制备。按色谱分离机制不同，经典液相色谱法可分为吸附柱色谱法、分配柱色谱法、离子交换柱色谱法和空间排阻柱色谱法。经典柱色谱的操作步骤包括装柱、上样、洗脱和检出等。

2.1.1 吸附色谱法

    固定相是吸附剂的色谱法即为吸附色谱法（adsorption chromatography）。吸附色谱法主要是利用吸附剂对不同物质吸附能力的差异而分离的，包括气-固吸附色谱法和液-固吸附色谱法。

    （1）常用的固定相吸附剂

    常用的吸附剂有硅胶（silica gel）、氧化铝（aluminium oxide）、聚酰胺（polyamide）和大孔吸附树脂等。

    ① 硅胶 其组成是 $SiO_2 \cdot x H_2O$，具有多孔性的硅氧交联（Si—O—Si）结构，其

骨架表面含有硅醇基（Si—OH），这些硅醇基能与极性化合物形成氢键而具有吸附性，各组分因含极性基团与硅醇基形成氢键的能力不同而分离。硅胶的吸附能力与含水量成反比，含水量高，吸附能力降低，活性级数高。常用的硅胶活度为Ⅱ～Ⅲ级。当硅胶表面吸附的水含量高达 17％以上时，吸附能力极低，使其失去活性。通常在 105～110℃下，加热 30min 后可除去硅胶中结合的水分而提高吸附能力。硅胶的活性与含水量的关系见表 2-1。

表 2-1 硅胶、氧化铝活度含水量与吸附力的关系

活性级别	硅胶含水量/％	氧化铝含水量/％	吸附力
Ⅰ	0	0	
Ⅱ	5	3	
Ⅲ	15	6	减弱 ↓
Ⅳ	25	10	
Ⅴ	38	15	

② 氧化铝　氧化铝为一种吸附力较强的吸附剂，具有分离能力强、活性可以控制等优点。因制备和处理方法不同，氧化铝可分为碱性（pH＝9～10）、中性（pH＝7～7.5）和酸性（pH＝4～5）三种。一般情况下，中性氧化铝使用最多。氧化铝的活性与含水量有关（表 2-1），一般使用前需加热活化，常用的氧化铝活度为Ⅱ～Ⅲ级。

一般碱性氧化铝用来分离中性或碱性化合物，如生物碱类、多环烃类、脂溶性维生素类等，而酸性化合物（用中性溶剂）则无法分离。中性氧化铝适用于酸性及对碱不稳定的化合物的分离，适用于分离挥发油、萜类、甾体、蒽醌以及在酸碱中不稳定的苷类、酯、内酯等化合物。凡是酸性、碱性氧化铝可适用的，中性氧化铝也都能适用。酸性氧化铝可用于酸性化合物分离，如酸性色素及某些氨基酸，以及对酸稳定的中性物质。

③ 聚酰胺　是一类由酰胺聚合而成的高分子化合物。聚酰胺对物质的吸附作用主要是由于其分子中存在着许多酰胺基和氨基，两者都易形成氢键。不同化合物（如黄酮类、酚类和酸类等），由于活性基团的种类、数目和位置的不同，形成氢键的能力不同，而实现分离。

④ 大孔吸附树脂　是一种不含交换基团、具有大孔网状结构的高分子吸附剂，因其在水溶液中吸附能力强，所以大孔树脂主要用于水溶性化合物的分离与纯化，如皂苷及其他苷类化合物与水溶性杂质的分离。

一个化合物要想得到很好的分离，影响的因素是多方面的。但最主要的是化合物本身的性质和吸附剂的活性及酸碱性。分离极性小的物质，一般选用吸附活性大（活度级别小）的吸附剂，一般任何类型的化合物都可首先考虑试用硅胶和氧化铝。分离酸性物质首先要选用硅胶；分离碱性物质首先要选用氧化铝；分离中性物质选用硅胶和氧化铝都可以。

（2）流动相

在吸附色谱法中，流动相的性质对样品的吸附过程起重要的作用。极性较大的组分在吸附剂上吸附性强，需要极性较大的流动相进行洗脱。

常见溶剂的极性顺序为：石油醚＜环己烷＜四氯化碳＜苯＜甲苯＜乙醚＜二氯甲烷＜氯仿＜乙酸乙酯＜正丁醇＜丙酮＜乙醇＜甲醇＜水。

选择色谱分离条件时，必须从吸附剂、流动相和被分离物质三方面综合考虑。其一般原则是：若被分离组分极性较弱，应选择吸附性强的吸附剂（活度高）和极性弱的流动相（洗脱剂）。

2.1.2 分配色谱法

分配色谱法（partition chromatography）是利用被分离组分在固定相或流动相中溶解性能的差异而实现分离。经典的液-液分配色谱是将固定液涂渍在惰性多孔微粒的表面，形成一层液膜而构成固定相。多孔微粒称为载体。常用的载体有硅胶、硅藻土和纤维素。

（1）固定相（固定液）

分配色谱根据固定相和流动相的相对极性，可以分为正相分配色谱和反相分配色谱。正相分配色谱中固定相的极性大于流动相的极性，即以强极性溶剂作为固定液，以弱极性的有机溶剂作为流动相，适用于分离强极性组分。反相分配色谱中固定相的极性小于流动相的极性，即以弱极性溶剂作为固定液，以强极性的有机溶剂作为流动相，适用于分离弱极性组分。

在正相分配色谱中，固定相由水、各种缓冲溶液、甲醇等强极性溶剂及其混合液，按一定比例与载体混匀后填装于色谱柱中，用被固定相饱和的有机溶剂为流动相进行分离。被分离组分中极性小的移动得快。

在反相分配色谱中，固定相由硅油、液体石蜡等极性较小的有机溶剂组成。用由水、水溶液或与水混合的有机溶剂作为流动相。被分离组分中极性大的移动得快。

（2）流动相

分配色谱的流动相要求对样品组分有一定的溶解能力且与固定液不互溶。一般正相分配色谱常用的流动相有石油醚、苯类、卤代烷类、酮类、醇类等或其混合溶剂。反相分配色谱常用的流动相则为正相色谱法中的固定液，如水、各种水溶液（包括酸、碱、盐及缓冲液）、低级醇类等。

2.1.3 离子交换色谱法

离子交换色谱法（ion exchange chromatography，IEC）是以离子交换剂为固定相，用水或水混合的溶剂为流动相，根据被分离组分对离子交换能力的不同而实现分离。主要用于离子型化合物的分离分析。

离子交换过程可用通式表示：$R^- - B^+ + A^+ \longrightarrow R^- - A^+ + B^+$

（1）固定相

离子交换色谱法的固定相是离子交换剂（ion exchanger），离子交换剂可分为无机离子交换剂和有机离子交换剂，其中以有机离子交换剂在分离分析中应用最广泛。目前国内生产和应用最多的是离子交换树脂（resin）。离子交换树脂是具有网状立体结构的高分子多元酸或多元碱的聚合物，不溶于水和许多有机溶剂，按其性质可以分为两类，即阳离子交换树脂和阴离子交换树脂。最常用的是聚苯乙烯型离子交换树脂。

如 NaCl 与强酸性阳离子交换树脂的交换反应为：

$$RSO_3^- H^+ + Na^+ + Cl^- \rightleftharpoons RSO_3^- Na^+ + H^+ + Cl^-$$

Na^+ 被交换到树脂上，而溶液中得到的是代替 Na^+ 的 H^+，当用酸（如稀盐酸）处理树脂时，可使其再生。即树脂恢复到原来的 $RSO_3^- H^+$ 状态。

在树脂骨架上引入 —SO_3H、—$COOH$、—PO_3H、—HPO_2H、—OH、—SH 等酸性基团，以阳离子作为离子交换的树脂称为阳离子交换树脂。金属阳离子在阳离子交换树脂上被交换而释放出 H^+。

在树脂骨架上引入 —NR_3^+、—NH_2、—NHR、—NR_2 等碱性基团，以阴离子作为离子交换的树脂称为阴离子交换树脂。非金属离子及其他阴离子在阴离子交换树脂上被交换而析出 OH^-。

（2）流动相

离子交换色谱法的流动相通常为弱酸、弱碱或缓冲溶液，为了提高分离效果，有时在流动相中加入少量甲醇、乙醇等有机溶剂。

2.1.4 空间排阻色谱法

空间排阻色谱法（steric exclusion chromatography，SEC）又称分子排阻色谱法（molecular exclusion chromatography）或凝胶色谱法（gel chromatography）。固定相为多孔性凝胶，根据流动相的不同空间排阻色谱法可分为两类：以有机溶剂为流动相称为凝胶渗透色谱法（gel permeation chromatography，GPC）；以水为流动相称为凝胶过滤色谱法（gel filtration chromatography，GFC）。该色谱法是利用被分离组分分子渗透到凝胶内部孔穴程度的不同而分离。其分离主要取决于被分离组分的线团尺寸和凝胶孔穴大小的相对关系，主要用于蛋白质、多糖等高分子化合物的分离分析。

（1）固定相

空间排阻色谱法的固定相为多孔性凝胶，商品凝胶是干燥的颗粒状物质，吸收大量溶剂溶胀后称为凝胶，常用的凝胶有葡聚糖凝胶和聚丙烯酰胺凝胶。根据分离对象和分离要求选择适当的凝胶和型号。

（2）流动相

空间排阻色谱法的流动相要求之一是溶解样品，若水溶性样品选择水为流动相，非水溶性样品则选择有机溶剂为流动相。为避免洗脱过程中凝胶体积发生变化影响分离，流动相一般与浸泡溶胀凝胶所用的溶剂相同。

现将上述介绍的柱色谱法归纳如表 2-2。

表 2-2 常用柱色谱法

项　目	吸附柱色谱	分配柱色谱	离子交换柱色谱	空间排阻柱色谱
分离原理	吸附能力	溶解能力	离子交换能力	分子尺寸
固定相	吸附剂（固体）	溶剂（液体）	离子交换树脂	凝胶
流动相	极性不同的溶剂	与固定相不互溶的溶剂	酸、碱溶剂	水或有机溶剂
分离对象	极性小的组分	极性较大的组分	离子组分	大分子组分

2.1.5 柱色谱法的应用

柱色谱法由于仪器简单、操作方便、柱容量大,目前已广泛应用在天然药化、生化等领域。

陈琼玲等研究了硅胶柱层析法分离纯化花生根中白藜芦醇的工艺,通过动静态解吸附实验确立大孔树脂最佳分离工艺为:上样质量浓度 26.58μg/mL,解吸剂为 80% 乙醇,洗脱流速 2 BV/h,通过薄层色谱与硅胶柱层析实验,确定最佳纯化条件为:洗脱剂(氯仿:甲醇为 40:1)、流速 30mL/min、m(硅胶):m(样品)=1:1,重结晶后,采用高效液相色谱测定其纯度为 97.01%。

2.2 平面色谱法

平面色谱法(planar chromatography)是在平面上进行分离的一种色谱方法,它是色谱分析方法的一个分支,主要包括薄层色谱法(thin layer chromatography,TLC)和纸色谱法(paper chromatography)。该色谱法操作方便、设备简单、分析速度快,广泛应用于样品的分离、鉴定和制备。

2.2.1 平面色谱法参数

平面色谱法与柱色谱法的基本原理相同,但两者的操作方法不同,因此各种参数不相同。以下主要介绍平面色谱法的定性参数、相平衡参数和分离参数。

(1)定性参数

① 比移值(retardation factor) 样品经分离后,常用比移值 R_f 来表示各组分在平面色谱上的位置。在平面色谱中,一般采用定时展开,即观测在同一展开时间内组分与展开剂迁移的距离。组分的迁移距离(l)与展开剂迁移的距离(l_0)之比称为比移值。

$$R_f = l/l_0 \qquad (2-1)$$

式中,l 为原点(origin)至组分斑点(spot)中心的距离,l_0 为原点至展开剂前沿(solvent front)的距离(图 2-1)。

在定时展开的经典平面色谱中,虽然展开剂的速度不恒定,随展开距离的增长而下降,但仍可将 R_f 值看成是在一小段距离内组分迁移速度的平均值(u)与展开剂迁移速度的平均值(u_0)之比,即 $R_f = u/u_0$。由于组分被保留在平板固定相上,它的迁移速度总是小于展开剂的迁移速度,即组分的迁移距离也总是小于展开剂的迁移距离,因此,R_f 值总是小于 1。不被固定相保留的组分的 R_f 值等于 1。在实践中,R_f 值的最佳

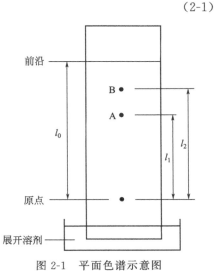

图 2-1 平面色谱示意图

范围是 0.3～0.5，适宜范围是 0.2～0.8。

由于 R_f 受被分离组分的性质、固定相和流动相的种类和性质、温度等因素的影响，在不同实验室、不同实验者间进行同一样品 R_f 值的比较是很困难的，因此建议采用相对比移值（R_r）作为定性参数。

② 相对比移值（relative retardation factor）

$$R_r = R_{f(a)}/R_{f(s)} = l_a/l_s \qquad (2\text{-}2)$$

式中，$R_{f(a)}$ 和 $R_{f(s)}$ 分别为组分 a 和参考物质 s 在同一平板上、同一展开条件下所测得的 R_f 值；l_a 和 l_s 分别为原点至组分 a 和参考物质 s 的斑点中心的距离。

由于 R_r 值是样品组分与参考物质在同一平板上、同一展开条件下所测得的 R_f 值之比，能消除系统误差，因此 R_r 值的重复性和可靠性都比 R_f 值好。参考物质可以是加入样品中的纯物质，也可以是样品中的某一已知组分。由于相对比移值表示的是组分与参考物质的移行距离之比，显然其值的大小不仅与组分及色谱条件有关，而且还与所选参考物质有关。所以 R_r 值可以小于 1，也可以大于 1。

（2）相平衡参数

平面色谱法的相平衡参数（phase equilibrium parameter）主要是分配系数和容量因子。以下说明分配系数和容量因子与比移值的关系。

① 分配系数（K）与比移值的关系　如果组分分子在展开剂中出现的概率是 R'，则它在薄层板上的移动速度是展开剂移动速度的 R' 倍，即 $R' = u/u_0$；由比移值的定义可知 $R_f = l/l_0 = u/u_0$，所以 $R_f = R'$，即比移值与组分分子在展开剂中出现的概率在数值上相等。已知 $1/R' = 1 + KV_s/V_m$

所以
$$R_f = \frac{1}{1 + KV_s/V_m} = \frac{V_m}{V_m + KV_s} \qquad (2\text{-}3)$$

式中，V_s 和 V_m 分别为薄层板上固定相和展开剂的体积；K 为分配系数，是相平衡参数。如果实验条件一定，则 V_s 和 V_m 一定，组分的 R_f 值就只由分配系数 K 决定，分配系数大的组分 R_f 小；分配系数小的组分 R_f 大。要实现两组分的分离，就必须使它们的分配系数 K 不等。K 与组分的性质、薄板和展开剂的性质及温度有关。当实验条件一定时，K 只与组分性质有关，R_f 值只与组分性质有关，因此 R_f 值是平面色谱的定性参数。

② 容量因子（k）与比移值的关系　容量因子是衡量待测组分在平面色谱平衡状态时保留能力的重要参数。由分配系数（K）与容量因子之间的关系：$k = K \times \dfrac{V_s}{V_m}$ 代入式（2-3）可得 R_f 与容量因子 k 之间的关系：

$$R_f = 1/(1 + k) \qquad (2\text{-}4)$$

由上式可看出，k 与 R_f 成反比。k 大者表示组分被固定相保留的程度大，R_f 小，在平板上走得慢；反之，k 小则 R_f 大，在平板上走得快。

③ 影响比移值的因素　由上面的讨论可知，凡影响分配系数的因素均影响 R_f 值，即 R_f 与组分的性质、薄层板的性质（活性等）、展开剂的性质（极性、组成等）、温度等有关。

a. 被分离物质的结构和性质。因为不同组分具有不同的结构，它们与平板及展开剂的作用力不同，因而在两相间的分配系数不等，结果有不同的 R_f 值。在硅胶薄层板上的吸附色谱中，一般来说极性较强的组分 R_f 值较小。

b. 薄层板的性质。固定相的粒度及活性、薄层的厚度都影响组分的 R_f 值。吸附薄层色谱中吸附剂的活性越强，其吸附作用越强，组分的 R_f 值越小。

c. 展开剂的性质。展开剂的极性和组成直接影响组分的移行速率和距离，所以影响组分的 R_f 值。在吸附薄层色谱中和纸色谱中增加展开剂的极性，使极性大的组分的 R_f 值增大。

d. 温度的影响。温度对吸附色谱的 R_f 值影响较小，但对纸色谱（分配色谱）的影响较大，这是因为溶解度受温度影响大的缘故。一般来说，低温展开时往往会获得较好的分离效果。

e. 展开室蒸气饱和程度。对展开室要求密闭不泄漏，薄层板周围空间被展开剂蒸气所饱和，无边缘效应。

此外，还要求沿分离轨迹固定相与流动相均无梯度变化；展开剂的前沿位置能正确测定。

（3）分离参数——分离度

分离度是平面色谱法的重要分离参数，表示两个相邻斑点的色谱峰顶间距与平均峰宽的比值（图2-2），即：

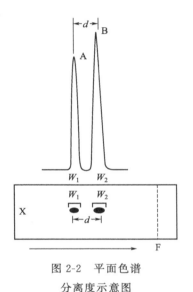

图 2-2　平面色谱
分离度示意图

$$R = \frac{2d}{W_2 + W_1} \qquad (2\text{-}5)$$

式中，d 为两个相邻斑点的色谱峰顶间距；$W_2 + W_1$ 为两个峰底宽的平均值；R 是定量描述混合物中相邻两组分的分离效能的参数，R 越大，相邻两个色谱峰分离越好。

2.2.2　薄层色谱法

薄层色谱法是平面色谱法中应用最为广泛的方法。该色谱法是将供试品溶液点于薄层板上，在展开容器内用展开剂展开，使供试品所含成分分离，显色后供试品某组分的斑点与标准物质的斑点进行比较，用于定性鉴别、检查或含量测定。薄层色谱法的分离机制与柱色谱法相同，主要包括吸附、分配、离子交换和空间排阻色谱法等，因此有人称其为"敞开的柱色谱"。关于各类薄层色谱法的分离原理详见柱色谱法。

（1）固定相的选择

固定相的选择原则首先应考虑样品组分的性质，若分离亲脂性化合物，选择硅胶、氧化铝、聚酰胺及乙酰化纤维素；若分离亲水性化合物，选择纤维素、离子交换纤维素及聚酰胺等；若分离酸性物质，首先要选用硅胶；若分离碱性物质，首先要选用氧化铝；若分离中性物质，选用硅胶和氧化铝皆可。其次应考虑固定相对样品的作用能力，

确保 R_f 值的范围在 0.2～0.8 之间。

（2）流动相的选择

薄层色谱法的流动相又称展开剂（developing solvent），展开剂的选择直接关系到能否获得理想的分离效果。若使性质相似的两个待测组分分离，应根据展开剂的选择性，使两组分容量因子产生较大的差别。

根据溶剂分子与样品组分分子之间的作用力，按溶剂选择性的参数，可将溶剂分成八组（表2-3）。同一组中溶剂具有相似的选择性。因此，若使某溶剂对待测组分具有较好的选择性，应选择组别相差较大的溶剂。

表 2-3　展开剂的选择性分组

组别	溶 剂 名 称
Ⅰ	脂肪族醚、三烷基胺、四甲基胍、六甲基磷酰胺
Ⅱ	脂肪醇
Ⅲ	吡啶衍生物、四氢呋喃、酰胺（除甲酰胺外）、乙二醇醚、亚砜
Ⅳ	乙二醇、苯甲醇、甲酰胺、乙酸
Ⅴ	二氯甲烷、二氯乙烷
Ⅵ	磷酸三甲苯酯、脂肪族酮和酯、聚醚、二氧六环
Ⅶ	腈、砜、碳酸丙烯酯、硝基化合物、芳香醚、芳烃、卤代芳烃
Ⅷ	氟烷醇、间甲苯酚、氯仿、水

薄层色谱法中选择展开剂的一般规则是极性大的化合物需用极性较大的展开剂，通常先用单一溶剂展开，根据被分离物质在薄层上的分离效果，进一步考虑改变展开剂的极性或者选用混合溶剂。例如，某物质用苯展开时，R_f 值太小，甚至停留在原点，则可加入一定量极性大的溶剂如丙酮、乙醇等，根据分离效果适当改变加入的比例，如苯∶乙醇为 9∶1，8∶2 或 7∶3 等。一般希望 R_f 值在 0.2～0.8 之间，如果 R_f 值较大，斑点都在前沿附近，则应加入适量极性小的溶剂（如石油醚）以降低展开剂的极性。

上述仅为一般规则，具体应用时尚须灵活掌握，往往需要通过实验以寻找最合适的条件。用单一溶剂为展开剂时，由于溶剂的组成简单，使被分离的组分重现性好。但是对于难分离的组分往往需要采用二元、三元甚至多元溶剂作为展开剂。

选择色谱分离条件时，必须从吸附剂、展开剂、被分离物质三方面综合考虑。一般用亲水性吸附剂（如硅胶、氧化铝）作色谱分离时，如被测成分极性较大，应用较弱（活度较低）的吸附剂、极性较大的展开剂；如成分的亲脂性较强，则应该选用较强（活度高）的吸附剂、极性较小的展开剂。

综上所述，选择展开剂时首先要参考一些展开剂选择的理论及色谱工作者的经验，然后再根据被分离物质的性质、展开剂、吸附剂等多方面的因素进行综合考虑，通过实验找到最佳分离的展开剂。

（3）薄层色谱法操作方法

TLC 法的一般操作程序分为制板、点样、展开、斑点的定位、定性和定量分析六个步骤。

① 制板 将吸附剂涂铺在玻璃板上形成厚度均一的薄层称为制板。要求薄层厚度一致，涂铺均匀，表面光滑。因为薄层的厚度和均匀性对样品的分离效果和比移值的重复性影响较大。以硅胶、氧化铝为固定相制备的薄板，一般厚度以 0.3mm 为宜。

薄层板按支持物的材质可分为玻璃板、塑料板和铝板等。按固定相种类薄层板可分为硅胶板、氧化铝板、聚酰胺板等。固定相中可加入黏合剂和荧光剂。常用的硅胶薄层板有硅胶 G、硅胶 H、硅胶 GF_{254}、硅胶 HF_{254}。G、H 分别表示含或不含石膏黏合剂，F_{254} 表示在紫外光 254nm 波长下显绿色背景的荧光剂。

自制的薄层板通常用倾注法、平铺法和涂铺器法三种方法。

a. 倾注法。通常取一份固定相和三份水（或加有 0.2%～0.5% 羟甲基纤维素钠的水溶液）放入研钵中，按同一方向研磨成稀糊状，立即倾入玻璃板上，用玻璃棒涂布成一均匀薄层，并轻轻振动薄层板，使整板薄层均匀，表面平坦。将铺成的薄层板置水平台上晾干后，在烘箱中于 110℃ 活化 30min，随即置于干燥器中保存备用。

b. 平铺法。在水平玻璃台面上，放上 2mm 厚的玻璃板，两边用 3mm 厚的长条玻璃作边，根据所需薄层的厚度（一般为 0.2～1.0mm），可在中间的玻璃板下面垫塑料薄膜。将调好的吸附剂糊倒在中间玻璃板上，用有机玻璃尺（或边缘磨光的玻璃条）沿一定方向，均匀地一次将糊刮平，使成一薄层，去掉两边的玻璃板，轻轻振动薄层板，即得均匀的薄层。任其自然干燥，按上法活化。

c. 涂铺器法。按倾注法将固定相研磨成稀糊状后，倒入涂铺器中，在玻璃板上平移涂铺器进行涂布得到厚度均一的薄层板。干燥、活化方法同上。

倾注法和平铺法由于板面的厚度无法控制，导致板与板之间一致性差，因此倾注法和平铺法制得的薄层板适用于样品的定性分析和分离制备。而涂铺器法制得的薄层板厚度均匀，适用于样品的定量分析。

② 点样 点样（spotting）是薄层色谱分离的重要步骤。点样时必须注意勿损伤薄层表面，且点样要快，溶剂易挥发。用铅笔距薄层底边 1.5～2.0cm 处画一条起始线，然后在起始线上做好点样记号，通过点样器吸取一定量的样品溶液后，将样品点于薄板上，点样直径一般不大于 4mm，点样距离一般为 1～1.5cm。若样品浓度较稀，可反复点样，每点一次后应借助电吹风使溶剂迅速挥发。点样时点样量应视薄层的性能及显色剂的灵敏度而定。若进行定性定量分析时，点样量为几微克至几十微克。在检测器灵敏度足够时，应降低点样量。点样量太多，展开后会出现斑点过大或拖尾等现象，而影响分离效果。点样示意图见图 2-3。

③ 展开 将点好样的薄层板放入展开缸中，进入展开剂的深度为距原点 5mm 为宜，展开剂借助薄层板上固定相毛细管作用携带样品组分在薄层板上迁移一定距离的过程称为展开。常用的展开装置有直立型层析缸和卧式层析缸，如图 2-4、图 2-5 所示。

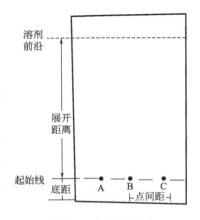

图 2-3 点样示意图

33

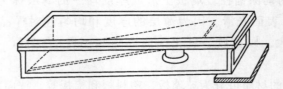

图 2-4 卧式层析缸（近水平展开）

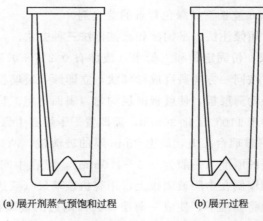

(a) 展开剂蒸气预饱和过程　　　　(b) 展开过程

图 2-5 双槽层析缸及上行展开示意图

展开方式包括近水平展开、上行展开、双向展开、多次展开等。

近水平展开应在长方形层析缸内进行，如图 2-4 所示。将点好样的薄层板下端浸入展开剂约 5mm，薄层板上端垫高，使薄层板与水平角度呈 15°～30°，展开剂借助毛细作用自下而上进行展开。该方式适合于软板的展开。

上行展开是目前薄层色谱法中最常用的一种展开方式。将点好样的薄层板放入已盛有展开剂的直立型层析缸中，斜靠于层析缸的一侧，展开剂沿薄层下端借毛细作用缓慢上升，待展开剂距离薄板高度的 4/5 时，取出薄层板，做好前沿标记，挥干溶剂后进行斑点定位，如图 2-5 所示。该方式适用于硬板的展开。

双向展开即进行第一次展开后，取出，挥去溶剂，将薄层板旋转 90°后，再改用另一种展开剂展开，如图 2-6 所示。该方法适用于复杂混合物的分离。

为了获得良好的分离效果，在展开时首先应注意层析缸的密闭性，其次应注意防止边缘效应。边缘效应（edge effect）是指同一组分的斑点在同一薄层板上，处于边缘斑点的 R_f 值比处于中心的 R_f 值大的现象，如图 2-7 所示。产生该现象主要是由于层析缸中溶剂蒸气未达到饱和，造成展开剂的蒸发速度从薄层板中央到两边缘逐渐增加，即处于边缘的溶剂挥发的速度较快，在相同条件下，致使同一组分在边缘的迁移距离大于中心的迁移距离。因此，在展开之前，通常将点好样的薄层板置于盛有展开剂的层析缸内饱和 15～30min，此时薄层板不得浸入展开剂中，待层析缸内的空间及薄层板达到动态平衡时，体系达到饱和，再将薄层板进入展开剂中展开。预先饱和可以有效地避免边缘效应的产生。

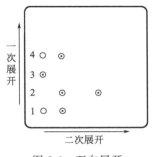

图 2-6　双向展开

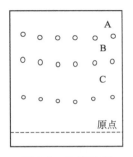

图 2-7　边缘效应

④ 斑点的定位　薄层展开后，对待测组分进行定性或定量前都必须确定组分在薄层板上的位置，即定位（fixed position）。对于有色化合物斑点的定位可在日光下直接观察测定。而对于无色物质斑点的定位则采用物理检出法或化学检出法，如图 2-8 所示。

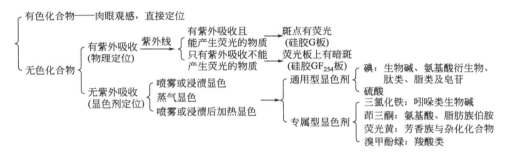

图 2-8　薄层色谱法斑点定位示意图

⑤ 定性分析　薄层色谱组分的定性鉴别可分为色谱鉴定、化学鉴定、薄层色谱和波谱联用三类方法。

a. 色谱鉴定法。薄层色谱定性分析的依据是：在固定的色谱条件下，相同物质的 R_f 值相同。薄层经显色确定斑点位置后，计算 R_f 值，然后与文献记载的 R_f 值比较以鉴定各种物质。但是薄层的 R_f 值受到许多因素的影响，要想使测定条件完全一致比较困难。因此多采用已知物对照法，即将样品与已知物对照品在同一块薄层上展开，显色后，根据样品的 R_f 值及显色过程中的不同现象与已知物对照品比较进行定性鉴别。如果两者的 R_f 值不同，则组分与对照品不是同一物质；如果两者的 R_f 值相同，则不能轻易确定二者是同一物质，必须用几种性质不同的展开剂或性质不同的吸附剂展开，若二者的 R_f 值相同，同时又对多种显色剂有相同的反应，这样说明组分与对照品为同一物质才比较可靠。

b. 化学鉴定法。化学鉴定法分两种方法，一种是将薄层色斑点洗脱下来，用化学和仪器的方法进行鉴定，由于洗脱很麻烦，不太常用。另一种是在展开后的薄层上进行化学试剂显色的方法，如用茚三酮乙醇溶液鉴定氨基酸等。

c. 薄层色谱和波谱联用法。对于完全未知的组分，单纯用薄层色谱法进行定性分析比较困难，往往需要与其他化学或仪器分析方法相结合。薄层色谱和光谱联用的方法是采用 TLC 作为分离的手段，以光谱进行定性鉴别的分离分析方法。由于光谱的特征性较强，为薄层斑点的定性提供了最有利的依据。联用时采用最多的是紫外-可见吸收光谱。将单色光照射在斑点上，斑点固定不动，依次改变单色光的波长，测定斑点的吸光度随波长的变化，而获得斑点的紫外或可见吸收光谱，其吸收峰形及最大吸收波长应与标准品一致。TLC 法还与红外光谱、质谱、荧光光谱联用。这些波谱的测定大多是将薄层分离后得到的单一斑点收集、洗脱，测得的谱图与标准谱图或文献上的标准谱图对照定性。

⑥ 定量分析　薄层色谱法对组分的定量分析可分为洗脱法、目视比较法和薄层扫描法三类方法。

a. 洗脱法。样品经薄层色谱分离后，用溶剂将斑点中组分洗脱下来，再用适当的方法进行定量测定。斑点需预先定位，采用显色剂定位时，在薄层的起始线上定量点上样品溶液，并于两边点上已知纯品作为定位用。展开后斑点要集中，不应产生拖尾现象。定位后，如为软板薄层，可将被测物的区带用捕集器收集，如为硬板薄层，可用刀片将样品区带的吸附剂定量地刮下来，再以适当溶剂洗脱后进行定量分析。

洗脱时，一般选用极性较大而且对被测物质的溶解度较大的溶液浸泡，多次洗提以达到定量洗脱。一些物质吸附较强而不易洗脱时，可直接于吸附剂中加入显色剂，使其定量反应，然后离心分离或过滤，再进行（如分光光度法）测定。

b. 目视比较法。将不同量的标准品做成系列的样品，点在同一块薄层上，展开，显色后，以目视比较色斑的深度和面积大小，求出未知物含量的近似值。在严格控制操作条件下，各色斑深浅与面积的大小仅随溶质量的变化而变化。常规分析的精密度可达±10%。

该法虽然简单，但误差较大，常用于药物分析中杂质限量的检查。近年来发展的薄层扫描仪可以对薄层斑点进行定量测定，扫描定量法已成为微量、快速定量分析的有利手段。

以上两种定量方法是根据斑点来进行定量分析的，如果在形成斑点前的步骤中已有误差，则总的定量准确度将受到影响。点样量的不准确性、斑点的不规则性、薄层的不均匀性、显色剂喷得不均匀或喷得过多造成斑点边缘扩散，以及展开剂的纯度等对定量分析都有影响。因此在操作中应尽量减少这些影响。

c. 薄层扫描法。该法是以一定波长的光照射展开后的薄层板，测定其对光的吸收或所发出的荧光进行定量分析的方法。该法的精密度可达±5%。用薄层扫描仪直接测定斑点的含量已成为薄层色谱定量的主要方法。

薄层扫描仪种类很多，图 2-9 为双波长薄层扫描仪光学线路示意图。其原理与双波长分光光度计相似，从光源发出的光，通过两个单色器分光后，成为不同波长的 λ_1 和 λ_2，斩光器使它们交替地照射到薄层上，经透射或反射后分别由光电倍增管接收，再输出电讯号，由对数放大器变换成吸光度，记录下的讯

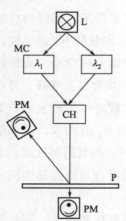

图 2-9　双波长型薄层
扫描仪方框图

L—光源；MC—单色器；

CH—斩光器；P—薄层板；

PM—电光检测器

号是 λ_1 和 λ_2 两波长吸光度之差。通常选择斑点中化合物的吸收峰波长作为测定波长，选择化合物吸收光谱的基线部分即化合物无吸收的波长作为参比波长。

（4）TLC法常见的问题和消除的方法

① 斑点拖尾现象

a. 酸性物质用中性溶剂展开时，造成拖尾。解决方法是在展开剂中加入一定浓度的酸。

b. 点样过多造成原点"超载"，展开剂产生绕行现象，使斑点拖尾。

② 边缘效应　由于选用沸点及极性相差较大的混合剂作展开剂时，沸点较低的、吸附亲和力弱的溶剂在薄层的两个边缘处较易挥发，即在薄层的两个边缘比中部含有更多的极性较强的溶剂。解决的方法是：增加薄层板的预饱和时间，一般 30min 以上；采用共沸点展开剂代替一般的混合溶剂。

③ S形及波浪形斑点　主要由于吸附剂的颗粒细度和板层厚度不均匀造成，因此在铺板时要注意这个问题。

④ 展速慢　展速慢主要是由于展开剂的黏度大引起的，可以向展开剂中加入丙酮等中等极性溶剂，可使不相混合的溶剂混溶，可以降低展开剂的黏度，加快展速。

⑤ R_f 值不稳定　影响 R_f 值稳定性的因素很多，如温度、展开剂组分的挥发、板层的厚度等。要找出是哪种因素引起的，就要在薄层分离时，对薄层分离各种因素做记录，以便得到重现性好的色谱图。

2.2.3　纸色谱法

（1）纸色谱法分离原理

纸色谱法是以纸作为载体的平面色谱法，分离原理属于分配色谱的范畴。固定相一般为纸纤维上吸附的水分，流动相为不与水相混溶的有机溶剂。纸色谱法可以看作是溶质在固定相和流动相之间连续萃取的过程，依据溶质在两相间分配系数的不同而达到分离的目的。纸色谱中化合物在两相中的分配系数与化合物分子结构有关，通常认为，纸色谱属于正相分配色谱。化合物的极性大或亲水性强，则在水中分配的量多，分配系数大，比移值小。除水以外，纸也可以吸留其他物质，如甲酰胺、缓冲液等作为固定相。

（2）纸色谱法操作方法

纸色谱的操作方法与薄层色谱法相似，主要有色谱纸的选择、点样、展开、斑点定位、定性与定量分析。

① 色谱纸的选择　要求滤纸质地均匀，杂质少，平整无折痕，边缘整齐，有一定的机械强度。对 R_f 值相差很小的混合物，宜采用慢速滤纸；对 R_f 值相差较大的混合物，则可用快速或中速滤纸。进行定性分析时，选用薄纸；进行定量分析或制备时，选用载样量大的厚纸。

② 点样　点样方法基本与薄层色谱法相似。将样品溶于适当溶剂中，尽量避免用水作溶剂，因为水溶液易扩散，且不易挥发除去。一般用乙醇、丙酮、氯仿等，最好采用与展开剂极性相似的溶剂。若为液体样品，一般可直接点样。

点样量的多少与纸的性能、厚薄及显色剂的灵敏度有关，需多次实践才能决定。一般在几微克到几十微克。纸色谱法比柱色谱法更适于微量样品的分离。

点样方法，用内径 0.5mm 管口平整的毛细管或微量注射器吸取试样，轻轻接触于滤纸的起始线上（距纸一端 3～4cm 划一直线，在线上作"×"号表示点样位置），各点距离约为 2cm。如样品浓度较稀，可反复点几次。每点一次可借助红外线灯或电吹风机促其迅速干燥。原点面积越小越好，每次点样后原点扩散直径以 2～3mm 为宜。

③展开

a. 展开剂的选择。要从欲分离物质在两相中的溶解度和展开剂的极性来考虑。在流动相中溶解度较大的物质将会移动得较快，因而具有较大的比移值（R_f）。对极性化合物来说，增加展开剂中极性溶剂的比例量，可以增大比移值；增加展开剂中非极性溶剂的比例量，可以减小比移值。

分配色谱法所选用的展开剂与吸附色谱法有很大的不同，多数采用含水的有机溶剂，纸色谱法最常用的展开剂是用水饱和的正丁醇、正醇、酚等。此外，为了防止弱酸的离解，有时再加入少量的酸或碱，如乙酸、吡啶等。有时也加入一定比例的甲醇、乙醇等。这些溶剂的加入，增加了水在正丁醇中的溶解度，使展开剂的极性增大，增强它对极性化合物的展开能力。

若以正丁醇与乙酸为流动相，应先在分液漏斗中，将两者与水混合并振摇，分层后，分取被水饱和的有机层使用。流动相如果没有预先被水所饱和，则展开过程中就会将固定相中的水夺去，使分配过程不能正常进行。

b. 展开方式。按色谱纸的形状、大小，选用适当的密闭容器。条形滤纸可在大试管或圆形标本缸中展开。先用溶剂蒸气饱和容器内部，或用浸有展开剂的滤纸条贴在容器内壁上，下端浸入溶剂中，使缸内更快地被展开剂所饱和。也有将点好样的色谱纸，预先在溶剂蒸气饱和的色谱器中放置一定时间，使滤纸被溶剂蒸气所饱和，然后再浸入溶剂进行展开。

纸色谱法的展开方式，通常采用上行展开（ascending development），使展开剂借毛细管效应向上扩展。这种方式要求设备简单，应用广泛，但速度较慢。对于比移值较小的样品，由于展开距离较小，对不同成分分离效果较差，可用下行展开（descending development），借助于重力使溶剂由毛细管向下移行，若使溶剂连续展开，斑点移动距离增大，使不同成分能够满意地分开。对于成分复杂的混合物可用双向展开（two dimension development）。另外还有水平展开、径向展开（radial development）、多次展开（multidevelopment）等许多展开方式。要注意的是，不同展开方式 R_f 值不同。

展开时要求恒温，因为温度的变化影响物质在两相中的溶解度和溶剂的组成。所以，将影响比移值的重现性。

④ 斑点定位　通常先在日光下观察，划出有色物质的斑点位置，然后在紫外光灯下，短波（254nm）或长波（365nm）观察有无吸收或荧光斑点，并记录其颜色、位置及强弱；最后利用各物质的特性反应喷洒适当的显色剂，使色谱显色。如被分离物质含有羧酸，则可喷洒酸碱指示剂显色，如溴甲酚绿，当斑点呈黄色时，可确证羧酸的存

在。如为氨基酸则可喷洒茚三酮试剂，多数氨基酸呈紫色，个别氨基酸呈黄色。对还原性物质、含酚羟基物质，可喷三氯化铁-铁氰化钾试剂。各类化合物所用的显色剂可从手册或色谱法的专著查阅。

⑤ 定性分析　有色物质的定性，可以通过直接观察斑点的颜色和位置与已知的标准物质比较。无色物质根据其性质选用适合的显色剂或在紫外光下显出荧光斑点，测量其 R_f 值，再与标准物质比较。鉴定未知物往往需要采用多种不同的展开剂，得出的几个 R_f 值均与对照纯品的 R_f 值一致，才比较可靠。

R_f 值是物质定性的基础。但是，由于影响 R_f 值的因素较多，要想得到重复的 R_f 值，就必须严格控制条件。但在许多实验者之间进行比较是困难的，因为两者条件不可能完全一致。因此建议采用相对比移值（R_r）作对照，显然 R_r 是样品移行距离与参考物质移行距离之比，这个比值可消除一些系统误差。参考物质可以是另外加入一个标准物质，也可直接以样品中的一个组分作为参考物质。R_r 值与 R_f 值不同，它的值可以大于1。当一个未知物在纸上不能鉴定时，可分离后剪下，洗脱，再用适宜的方法鉴定。

⑥ 定量分析　纸色谱法用于定量测定已经有比较成熟的方法。归纳起来大致有如下两种：

a. 剪洗法。根据测定方法的灵敏度，决定点样量，常常需要点成横条形，并于纸的两侧点上纯品作为定位用。如被测物质本身有色或在紫外线下可识别斑点，则无须点纯品定位。如必须显色，则应将被测物的部分用玻璃覆盖起来，再喷显色剂仅使对照点显色，以确定对应的样品位置。然后将斑点剪下，并剪成细条，以适合的溶剂浸泡、洗脱、定量。定量大多采用比色法或分光光度法，一般可达±5％的准确度。

b. 直接比色。近年来，由于仪器技术的发展，已有在滤纸上直接进行测定的色谱扫描仪，能直接测定色斑颜色浓度，划出曲线，由曲线的面积求出含量，可达5％～10％的准确度。

纸色谱法定量是一种微量操作方法，取样量少，但影响准确度的因素较多。因此必须严格操作，使实验条件尽量一致，同时多测几份样品，取其平均值，才能得到较好的分析结果。

2.2.4　平面色谱法的应用

例 2-1　2015 年版《中华人民共和国药典》（以下简称《中国药典》）中关于双黄连片中连翘的鉴别采用了薄层色谱法。

双黄连片中有金银花、黄芩、连翘（1：1：2）三味中药，具有疏风解表、清热解毒等功效，主要用于治疗外感风热所致的感冒。

连翘的鉴别：取本品 1 片，除去糖衣，研细，加 75％甲醇 10mL 超声处理 10min，过滤，滤液作为供试品溶液。另取连翘对照药材 0.5g、甲醇 10mL 置水浴上加热回流 20min，过滤，滤液作为对照药材溶液。按照薄层色谱法（通则 0502）实验，吸取对照药材溶液及供试品溶液各 5μL 分别点于同硅胶 G 薄层板，以三氯甲烷-甲醇（5：1）为展开剂，展开，取出，晾干，喷以 10％硫酸乙醇溶液，在 105℃加热至斑点显色清晰。

供试品色谱中，在与对照药材色谱相应的位置上，有显相同颜色的斑点。

例 2-2　2015 年版《中国药典》中关于化症回生片中益母草的鉴别采用了纸色谱法。

化症回生片由益母草、人参、当归等 35 味中药组成，具有消症化瘀等功效，主要用于淤血内阻所致的症积。

益母草的鉴别：取本品 20 片，研细，加 80％乙醇 50mL，加热回流 1h，过滤，滤液蒸干，残渣加 1％盐酸溶液 5mL 使溶解，过滤，滤液加碳酸钠试液调节 pH 值至 8.0。过滤，滤液蒸干，残渣加 80％乙醇 3mL 使溶解，作为供试品溶液。另取盐酸水苏碱对照品，加乙醇制成 1mL 含 0.5mg 的溶液，作为对照品溶液。按照薄层色谱法（通则 0502）实验，吸取上述两种溶液各 10～20μL 分别点于同一层析滤纸上上行展开，使成条状，以正丁醇-乙酸-水（4：1：1）的上层溶液为展开剂，展开，取出，晾干，喷以硫酸碘化铋钾试液，放置 6h。供试品色谱中，在与对照品色谱相应的位置上，显相同颜色的斑点。

例 2-3　2015 年版《中国药典》中关于中药材龙胆的鉴别采用了薄层色谱法。

龙胆具有消清热燥湿、泻肝胆火等功效，主要用于湿热黄疸、肝火目赤、耳鸣耳聋等。

龙胆的鉴别：取本品粉末约 0.5g，精密称定，精密加入甲醇 20mL，称定质量，加热回流 15min，放冷，再称定质量，用甲醇补足减失的质量，摇匀，过滤，滤液作为供试品溶液。另取龙胆苦苷对照品，加甲醇制成每 1mL 含 1mg 的溶液，作为对照品溶液。按照薄层色谱法（通则 0502）实验，吸取供试品溶液各 5μL、对照品溶液 1μL，分别点于同硅胶 GF$_{254}$ 薄层板上，以乙酸乙酯-甲醇-水（10：2：1）为展开剂，展开，取出，晾干，置紫外灯（254nm）下检视。供试品色谱中，在与对照品色谱相应的位置上，显相同颜色的斑点。

本章小结

本章内容主要包括经典柱色谱法和平面色谱法，阐述了柱色谱法的分类、固定相和流动相的要求、基本操作步骤，平面色谱法分类、色谱参数和色谱条件的选择。

本章内容概图

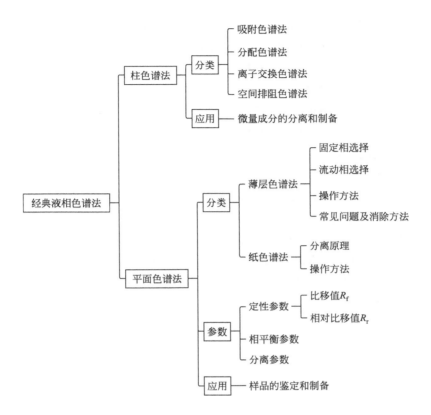

习　题

1. 解释下列概念：平面色谱法；纸色谱法；比移值；相对比移值；边缘效应。

2. 为什么说 R_f 值是平面色谱的定性参数？影响比移值的因素有哪些？

3. 如何选择硅胶薄层色谱的展开剂？

4. 简述 TLC 法各步骤的操作方法。

5. 说明 TLC 法常见的问题和消除的方法。

6. 纸色谱的固定相是什么？能否举一例常用展开剂的实例？

7. 已知某混合试样 A、B、C 三组分的分配系数为 440、480、520，问三组分在薄层上 R_f 值的大小顺序如何？

8. 在一个特定的薄层板上，组分 A 和 B 的分配系数分别是 4.6 和 4.9，经展开后，距离展开剂前沿近的斑点是哪一个组分？

9. 化合物 A 在薄层板上从样品原点迁移 7.6cm。溶剂前沿距离为 16.2 cm。(1) 试计算 A 的 R_f 值；(2) 在相同的薄层板上，色谱条件相同时（若认为是匀速迁移），当溶剂前沿移至距样品原点 14.3cm 时，化合物 A 的斑点应在此薄层板的何处？ (R_f＝0.47；l＝6.7cm)

第3章 气相色谱法

学习提要

　　掌握气相色谱仪的基本组成部分、结构流程及关键部件；掌握气相色谱固定液的分类方法；掌握柱效的评价方法、影响柱效的因素、提高柱效的途径；掌握操作条件的选择原则、固定液选择的基本原则、操作条件对分析分离的影响。熟悉定性和定量方法；熟悉气相色谱仪器的操作与维护的方法。了解气相色谱-质谱法的应用。

3.1 气相色谱仪的基本工作流程

　　以气体为流动相的色谱法，称为气相色谱法（gas chromatography，GC），主要用于分离分析挥发性和半挥发性成分。它是英国科学家、诺贝尔奖获得者 Martin 和 Synge 在研究液相色谱法的基础上，于 1952 年创立的一种极为有效的分析技术，实现了用气相色谱法分离测定复杂混合物。1955 年第一台气相色谱仪问世。由于气相色谱法具有分离效能高、灵敏度高、选择性好、分离速度快等优点，因此广泛应用于石油化工、环境监测、食品分析、农药分析、生物化学、药物分析、临床化学等领域。在药物分析中该法已成为挥发性药物成分检查和含量测定、中药挥发油分析、药物纯化、制备等的重要方法。

　　目前，国内外各厂家生产的气相色谱仪型号较多、性能各有差异，但它们都包括气路系统、进样系统、分离系统、检测系统和数据处理系统，其基本工作流程如图 3-1 所示。

图 3-1　气相色谱仪的基本工作流程示意图

43

由气路系统提供一定压力和流速的载气，进样后的待分析样品在载气的携带下进入气相色谱柱进行色谱分离，待分析样品中的各个组分根据在两相中的分配行为的不同，按一定顺序依次进入检测器，最终由数据处理系统将各组分对应的检测信号进行放大和记录。

3.2 气相色谱仪的基本结构

气相色谱仪结构示意图见图 3-2。

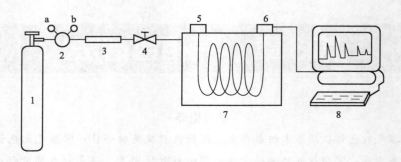

图 3-2 气相色谱仪结构示意图

1—载气钢瓶；2—压力调节器（a 为瓶压，b 为输出压）；3—净化器；4—流量调节器；

5—进样系统；6—检测系统；7—分离系统；8—记录系统

3.2.1 气路系统

气路系统（gas supply system）一般由气源钢瓶、稳压恒流装置、净化器、压力表和流量计以及供载气连续运行的密闭管路组成。其作用是控制载气并携带试样进入色谱柱，提供试样在柱内运行的能力。

高压钢瓶中的载气经压力调节器减压，经净化器净化，由稳压阀调至适宜的流量而进入色谱柱，待流量、温度及基线稳定后，即可进样。样品在汽化室汽化后被载气带入色谱柱，各组分按分配系数由小到大的顺序，依次被载气带出色谱柱进入检测器，检测器将各分离组分转为电信号，经数据处理系统得到各组分的色谱图，可用于定性与定量分析。

气相色谱的流动相为气体（载气），原则上任何气体都可作为气相色谱的流动相，但由于要求作为流动相的气体具有化学稳定性好、纯度高、价格低且易得等条件的限制，目前常用的载气有氢气（hydrogen）、氮气（nitrogen）和氦气（helium）。另外，载气的纯度、稳定性、流速和压力对柱效率、分析时间和检测器灵敏度的影响较大，一般根据所选用的检测器和其他一些因素选择合适的载气。氢气具有分子量小、热导率大、黏度小等优点，因此常用于热导检测器的载气。氮气具有廉价、扩散系数小、安全等优点，除了热导检测器外，其他检测器多采用氮气作载气。氦气与氢气有类似的优点，但价格较高，常用于气相色谱-质谱联用仪中。

3.2.2　进样系统

进样系统（sample injection system）包括进样器和汽化室及温控装置。其作用是试样进入汽化室瞬间汽化后被载气带入色谱柱分离。常见的进样装置有隔膜进样器、分流进样器和顶空进样器。隔膜进样器是一种常用的填充柱进样口；分流进样器用于毛细管柱进样，由于毛细管柱容量小，分流是为了适应微量进样，避免进样量过大导致毛细管柱超载，如图3-3所示。

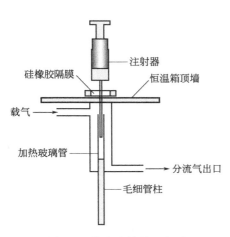

图3-3　分流进样器示意图

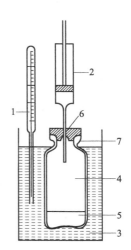

图3-4　顶空进样器示意图

1—温度计；2—注射器；3—恒温浴；4—容器；
5—样品；6—隔膜；7—螺帽

常规毛细管柱的分流比在（1∶20）～（1∶500）范围内。顶空进样器是一种间接分析液体或固体中挥发性成分的装置，如图3-4所示。它是在一个密闭的恒温体系中，气液或气固达到平衡时，用气相色谱法分析蒸气相中的被测组分。蒸气相中的浓度与试样中被测组分的浓度成正比。从而达到对被测组分进行分离分析的目的。顶空进样法使待测物挥发后进样，可避免待测样品中非挥发性成分滞留在色谱柱中导致色谱柱的污染，此外还免去样品预处理导致待测组分的损失，造成误差。但采用此法时要求待测物具有足够的挥发性。

进样系统中汽化室的作用是将样品溶液瞬间汽化。汽化室温度必须严格控制，控温范围在室温至500℃。汽化室温度一般比柱温高10～50℃，确保样品全部汽化而不分解。

3.2.3　分离系统

分离系统（separation system）由色谱柱、柱箱和温度控制装置组成。色谱柱（chromatographic column）是色谱仪的心脏，色谱柱的作用是分离混合物中各组分。样品从进样室被载气携带通过色谱柱，依据样品中的各组分与两相的作用力不同在柱内分离，按照一定顺序流出色谱柱，进入检测器。色谱柱具体内容将在3.3节讨论。柱箱的作用是为样品各组分在色谱柱内的分离提供适宜温度。温度控制装置的作用是设定、控制和测量柱箱、汽化室和检测器的温度。色谱柱温度从 30℃ 至 500℃ 连续可调，可在任意给定温度保持恒温，也可按一定的速率程序升温。但应注意色谱柱操作温度不能超过最高使用温度，否则固定液将流失。除氢焰离子化检测器外，所有检测器对温度变化都较敏感，尤其是热导检测器，温度的微小变化都直接影响检测器的灵敏度和稳定性，所以检测器控温精度要优于 ±0.1℃。

3.2.4 检测系统

检测系统（detection system）即检测器，是气相色谱仪的重要组成部分。其作用是将进入色谱柱中分离出的各组分的量的变化转换成易于测量的电信号的装置。关于检测器的分类及性能指标将在 3.4 节中讲述。

3.2.5 数据处理系统

数据处理系统（data processing system）是一种能自动记录由检测器输出的电信号的装置，由记录仪、积分仪和色谱工作站组成。其作用是将检测器输出的各组分的模拟信号进行采集、转换、计算，给出色谱图、色谱数据及定性定量结果。近年来，随着计算机技术的不断发展，现代气相色谱仪将计算机技术与相应的色谱软件有机结合，使得色谱仪具有色谱操作条件优化、控制、智能化等诸多功能。

3.3 气相色谱法的固定相

色谱法的分离效能高，色谱分离的过程是在色谱柱中完成的，而分离的效果主要取决于固定相、流动相的性质及其操作条件的选择。

气相色谱法中是以气体为流动相，通常选用惰性气体作为载气，可选的流动相种类有限，且载气的可变操作条件（气压和气体流速）较少。因此，气相色谱法能否将混合物中各组分完全分离，主要取决于色谱柱的效能和选择性，色谱柱的效能和选择性在很大程度上则取决于固定相的选择是否恰当，所以，选择适当的固定相已成为气相色谱分析中的关键问题。气相色谱固定相种类繁多，通常根据分离机理的不同可分为液体色谱固定相和固体色谱固定相。

3.3.1 气-液色谱固定相

液体固定相是将固定液均匀地涂到载体上而成。它是由固定液（stationary liquid）和载体（support）组成的。载体是一种惰性固体颗粒，用作支持物。固定液是涂在载体上的高沸点物质，在操作温度下为液态，在室温时为固态或液态。

3.3.1.1 固定液

（1）对固定液的要求

① 在操作温度下，呈液态、蒸气压低、黏度低，以保证固定液能均匀地分布在载体上形成均匀的液膜。

② 固定液的热稳定性及化学稳定性好，这样固定液流失慢，柱寿命长，检测器本底低。

③ 固定液对样品中各组分有足够的溶解能力，使各组分能够分离。若分配系数太小，则起不到分离效果。

④ 选择性能高，对两个沸点或性质相同或相近的组分，有尽可能高的分辨能力，即分配系数存在差别。

(2) 固定液的分类

目前用于气相色谱的固定液有数千种。一般按其化学结构类型与极性进行分类。

① 按固定液化学结构分类　将具有相同官能团的固定液排在一起，然后按官能团的类型不同分类，这样便于按组分与固定液"结构相似"原则选择合适的固定液。如表 3-1 所示。

表 3-1　按化学结构分类的固定液

固定液结构类型	极性	固定液举例	分析对象
烃类	弱极性	角鲨烷、石蜡油	非极性物质
硅氧烷类	应用范围广,从弱极性到强极性	甲基硅氧烷、苯基硅氧烷氟基硅氧烷、氰基硅氧烷	不同极性物质
酯类	中等极性	邻苯二甲酸二壬酯	中等极性物质
醇类	强极性	聚乙二醇	强极性物质
氰类	强极性	苯乙腈	强极性物质

a. 烃类（alkane）。包括烷烃（alkane）与芳烃（aromatic hydrocarbon）。常用的有：角鲨烷（异三十烷，$C_{30}H_{62}$）、阿皮松（apiezon $C_{36}H_{74}$）。角鲨烷（squalane）是标准非极性固定液，其特点是极性最弱，用于分离非极性化合物（nonpolar compound）。

b. 硅氧烷类（siloxane）。目前应用最广的固定液。其优点是温度黏度系数小、蒸气压低、流失少并且对大多数有机物都有很好的溶解能力等。硅氧烷类是一种通用型固定液，包括从弱极性到极性固定液许多类别，可用于不同极性化合物的分离。这类固定液按化学结构分类如下。

ⅰ. 甲基硅氧烷（methyl siloxane）。其基本结构为：

$$(CH_3)_3Si-O\underset{\displaystyle CH_3}{\overset{\displaystyle CH_3}{(-Si-O-)}}_n Si(CH_3)_3$$

按分子量不同可分为甲基硅油（$n<400$）及甲基硅橡胶（$n>400$）。甲基硅油的国产品如甲基硅油Ⅰ（230℃），进口品甲基硅橡胶如 SE-30（300℃）及 OV-1（350℃）等，是一类应用很广的高温、弱极性固定液。

ⅱ. 苯基硅氧烷（phenyl siloxane）。其基本结构为：

$$(CH_3)_3Si-O\underset{\displaystyle R}{\overset{\displaystyle CH_3}{(-Si-O-)}}_n Si(CH_3)_3$$

$n<400$ 为甲基苯基硅油；$n>400$ 为甲基苯基硅橡胶。又因含苯基与甲基的比例不同划分为：低苯基硅氧烷，如 SE-52（5％苯基，300℃）、OV-7（20％苯基，350℃）；高苯基硅氧烷，如 OV-17（50％苯基，350℃）、OV-25（75％苯基，300℃）。其中 OV-17 是最常用的甲基苯基硅油。这类固定液因引入苯基，极性比甲基硅氧烷大，随着苯基含量增高，极性增大。

ⅲ．氟基硅氧烷（fluoroalkyl siloxane）。其基本结构为：

$$(CH_3)_3Si \left[O-\underset{\underset{CF_2}{\overset{\overset{CH_3}{|}}{\underset{|}{CH_2)_3}}}{Si} \right]_x \left[O-\underset{\overset{CH_3}{|}}{\underset{CH_3}{Si}} \right]_y O-Si(CH_3)_2$$

也可按分子量及含三氟丙基的比例详细分类。常用的有三氟丙基甲基聚硅氧烷 QF-1（300℃），含三氟丙基 50％，即 $X=Y$。这是一类中等极性固定液，因为在强碱作用下易解聚，故只能与酸洗载体配伍。

ⅳ．氰基硅氧烷（cyano siloxane）。其基本结构为：

$$(CH_3)_3-Si-O\left[\underset{\underset{CN}{\overset{\overset{CH_3}{|}}{\underset{|}{CH_2)_2}}}{Si}-O \right]_n Si(CH_3)_3$$

同样可按分子量及含氰乙基的比例细分。氰基硅油如 XF-1150（含氰乙基 50％，215℃），氰基硅橡胶如 XE-60（含氰乙基 25％，275℃）都是极性很强、选择性很高的固定液。

c. 醇类（alcohol）。这是一类氢键型固定液，可分为非聚合醇与聚合醇两类。非聚合醇为长链脂肪醇（如十六碳醇等）及多元醇（如甘油、己六醇等）。聚合醇如聚乙二醇（carbowax 或 polyethlyene glycol，PEG），聚乙二醇的平均分子量范围为 300～20000。分子量增大，醚键增多，羟基比例减小，固定液的极性减小，形成氢键能力降低。PEG-20M（平均分子量 20000，250℃）是最常用的固定液之一。醇类属于强极性的固定液，用于强极性化合物的分离。

d. 酯类（esters）。分为非聚合酯与聚酯两类。

ⅰ．非聚合酯（nonpolyester）。邻苯二甲酸酯是最常用的酯类固定液。

ⅱ．聚酯类（polyester）。多是二元酸及二元醇所生成的线型聚合物，如丁二酸二乙二醇聚酯或聚二乙二醇丁二酸酯（diethylene glycol succinate，DEGS）。DEGS 是应用很广的极性固定液，最高使用温度与聚合度有关，一般为 200℃。除此之外，还有乙二酸二乙二醇聚酯（DEGA，210℃）等也较常用。

② 按固定液的极性分类　极性（polarity）是固定液重要的分离特性，可按固定液相对极性（relative polarity）或特征常数（characteristic constant）分类。

1959 年 Rohrschneider 提出用相对极性（P）描述固定液的分离特征。规定极性最强的固定液 β,β'-氧二丙腈的相对极性 $P=100$；极性最小的角鲨烷的相对极性 $P=0$。其他固定液与它们比较，测出相对极性。测定的方法为：用一个"物质对"（常用苯与环己烷或丁二烯与正丁烷）为样品，分别在对照柱 β,β'-氧二丙腈及角鲨烷柱上测定它们的相对保留值 q_1 及 q_2。然后再在待测柱上测同一物质对的相对保留值 q_x。代入下式计算待测固定液的相对极性（P_x）。

$$P_x = 100 \times \left(1 - \frac{q_1 - q_x}{q_1 - q_2}\right) \tag{3-1a}$$

$$q = \lg\frac{t'_{R丁二烯}}{t'_{R正丁烷}} \quad 或 \quad q = \lg\frac{t'_{R苯}}{t'_{R环己烷}} \tag{3-1b}$$

用丁二烯与正丁烷（或苯与环己烷）为物质对，在 β,β'-氧二丙腈上测得的 $q_1=0.773$；在角鲨烷上测得的 $q_2=-0.080$。固定液以每 20 个相对极性单位分为一级。在 $P=0\sim100$ 之间，分为五级（五级分法）。$P=0\sim20$，相对极性等级标为"$+1$"（非极性）；$P=21\sim40$，"$+2$"（弱极性）；$P=41\sim60$，"$+3$"（中等极性）；$P=61\sim80$，"$+4$"（极性）；$P=81\sim100$，"$+5$"（强极性）。常用的固定液见表 3-2。

表 3-2　常用的固定液

序号	固定液名称	型号	最高使用温度/℃	分析对象(参考)
1	角鲨烷	SQ	150	标准非极性固定液
2	二甲基聚硅氧烷	OV-1	350	非极性和弱极性物质
3	苯基(10%)甲基聚硅氧烷	OV-3	350	弱极性物质
4	苯基(50%)甲基聚硅氧烷	OV-17	350	中等极性物质
5	邻苯二甲酸二壬酯	DNP	150	中等极性物质
6	氰基硅橡胶	QF-1	250	中等极性物质
7	聚乙二醇	PEG-20M	250	氢键型物质
8	丁二酸二乙二醇聚酯	DEGS	200	极性物质(如酯类)
9	β,β'-氧二丙腈		100	标准极性固定液

（3）固定液的选择

一个混合物在气相色谱柱中能否得到完全分离，主要取决于所选的固定相是否适当。

目前文献报道的固定液已有数千种，为解决一项色谱分离问题，选择适宜的固定液是至关重要的。尽管色谱学家对固定液的选择问题已做了大量的研究工作，但目前仍处在凭经验选择固定液的阶段。通常是根据样品情况和分析要求，按照下列原则并参考有关文献加以选择。

① 按相似性原则选择（rule of similarity）　相似性原则即相似相溶原则。"相似相溶"是物质溶解性能的规律，即溶质和溶剂性质相似时，易于互相溶解。在气相色谱中是指被分离组分与固定液之间有某些相似性（如极性、官能团、化学性质等）时，则组分分子与固定液分子间作用力大，组分在固定液中的溶解度大，分配系数大，保留时间长，易于分离。反之，则分子间作用力小，溶解度小，分配系数小，不易于分离。相似相溶原则是选择固定液的基本原则。

相似性原则通常按极性相似选择和化学官能团相似选择。若分离非极性物质可首先选择非极性固定液，如 OV-1 等，在非极性色谱柱上组分与固定液分子间的作用力是色散力。组分基本上以沸点顺序流出色谱柱，沸点低的先流出色谱柱。固定液的相似性选择原则见表 3-3。

表 3-3　固定液的相似性选择原则

被测物	固定液	先流出色谱柱	后流出色谱柱
非极性	非极性	沸点低	沸点高
极性	极性	极性小	极性大
极性＋非极性	极性	非极性	极性
氢键	极性或氢键	不易形成氢键	易形成氢键

若试样中有极性组分，相同沸点的极性组分先流出色谱柱。若分离中等极性物质，可首选中等极性固定液，如 OV-17 等，分子间作用力为色散力和诱导力。各组分基本上仍按沸点顺序流出色谱柱。但对沸点相同的极性与非极性组分，诱导力起主导作用，非极性成分先出柱。若分离极性组分，选用极性固定液，如 DEGS，分子间作用力为静电力。各组分按极性顺序流出色谱柱，极性小的组分先流出色谱柱。此外，当选择的固定液分子所具有的化学官能团与组分分子的官能团相同时，即化学官能团相似，则相互作用力最强，选择性高。如分析醇类化合物时，可选用聚乙二醇等醇类固定液。

② 按主要差别（main difference）选择　利用"极性相似"原则选固定液时，还要注意混合物中组分性质差别的主要矛盾。若沸点差别是主要矛盾，可选非极性固定液；若极性差别为主要矛盾，则选极性固定液。如分离苯与环己烷的混合物，二者沸点相差 0.6℃（苯 80.1℃，环己烷 80.7℃），苯为弱极性化合物，环己烷为非极性化合物，两者极性差别虽然不大，但相对而言比沸点差别大，极性差别是主要矛盾。因此在用非极性固定液分离时，很难将苯与环己烷分开。改用中等极性的固定液，如用邻苯二甲酸二壬酯，则苯的保留时间是环己烷的 1.5 倍。若改用氢键型固定液如聚乙二醇-400，则苯的保留时间是环己烷的 3.9 倍。再选极性更强的固定液，保留时间的差别进一步增大。说明极性固定液分离样品时，能否被分离主要由被分离组分的极性差别决定，与沸点的关系不大。

上述两种选择方法，适用于样品中多数组分的性质或化合物类别已知的样品。性质和类别未知的样品可用下述尝试法进行固定液的选择。

③ 尝试法　在常用的五个色谱柱 OV-1（＋1）、OV-17（＋2）、QF-1（＋3）、PEG-20M（＋3）及 DEGS（＋4）中，选择样品的最适宜的色谱柱。这五个色谱柱中固定液的极性依次增大。

选择方法：未知样品先在 QF-1 柱上分离，然后更换 OV-17 柱。在同样实验条件下，观察样品在 OV-17 柱上被分离的情况。若比 QF-1 柱有所改善，但尚不满意，可进一步降低柱极性，更换 OV-1 或其他极性适宜柱或调整柱温等，至分离度合乎要求为止。

若由 QF-1 换为 OV-17 分离情况变差，则反向增大柱极性，更换 PEG-20M，甚至于 DEGS。

尝试法是以改变柱极性来确定未知物组分性质的。一般来说上述五个柱，再配合柱温调节，足可解决一般测试需要。

对于一些难分离样品，使用一种固定液达不到分离目的时，还可采用混合固定液（混合柱）方法。常用方法有三个：混涂、混装及串联法。混涂是将两种固定液按一定比例先混合，而后涂在载体上。混装是将分别涂有一种固定液的载体，按一定比例混匀装入柱管中。串联是将装有不同固定相的色谱柱串联。

3.3.1.2　载体

载体又称担体，它是一种化学惰性的多孔性微粒。它为固定液提供一个惰性表面，使其能铺展成均匀而薄的液膜。

（1）对载体的要求

a. 比表面积（surface area）大，孔穴分布均匀；b. 表面没有吸附性能（或很弱）；c. 不与被分离物质发生化学反应；d. 热稳定性好，有一定的机械强度。

（2）载体的分类

载体可分为两大类，硅藻土型载体（diatomaceous earth supporter）与非硅藻土型载体。硅藻土型载体是天然硅藻土经煅烧等处理而获得的具有一定粒度的多孔性固体颗粒。非硅藻土型载体种类各异，如氟载体、玻璃微珠及素瓷等。硅藻土型载体是目前气相色谱法中广泛应用的一种载体，下面主要介绍硅藻土类载体。

硅藻土载体是将天然硅藻土压成砖形，在 900℃煅烧，然后粉碎、过筛而成。这种载体因处理方法不同，分为红色载体及白色载体两种。

① 红色载体　因煅烧后，天然硅藻土中所含的铁形成氧化铁，而使载体呈淡红色，故称红色载体，红色载体表面孔穴密集，孔径较小，比表面积较大，机械强度比白色载体大，常与非极性固定液配伍。

② 白色载体　是在煅烧前在原料中加入少量助熔剂，如 Na_2CO_3。煅烧后使氧化铁生成了无色的铁硅酸钠络合物，而使硅藻土呈白色。白色载体由于助熔剂的存在形成疏松颗粒，表面孔径较粗。比表面积比红色载体小，常与极性固定液配伍。

（3）硅藻土载体的钝化（deactivation）

钝化是除去或减弱载体表面的吸附性能。如硅藻土载体，其表面存在着硅醇基团及少量的金属氧化物，常具有吸附性而形成活性中心，若与极性固定液配合使用，当分析极性组分时，由于与活性中心的相互作用，会导致色谱峰的拖尾。因此，载体在使用前，需将这些活性中心除去，以改进其孔隙结构，屏蔽活性中心，提高柱效。常用的钝化方法有酸洗（acid wash，AW），除去碱作用基团；碱洗（base wash，BW），除去酸作用基团；硅烷化（silanization），除去氢键合力等。

（4）载体的选择

载体的选择对色谱分离有影响。不同类型的载体经过处理后，表面性质不同，同一类载体经过处理后，表面性质也会改变。载体的表面性质会影响柱效率、峰形及保留值。因此应根据样品的性质、固定液的种类和用量来确定载体的类型。根据经验，将载体的选择原则列于表 3-4。

表 3-4 载体的选择

样 品	固定液	推荐用载体
非极性	非极性	未经处理的硅藻土
极性	极性	酸洗、碱洗或硅烷化硅藻土
极性和非极性	弱极性或极性	酸洗硅藻土
高沸点	极性或非极性用量小于5％	硅烷化硅藻土
强腐蚀性样品	聚四氟乙烯等特殊载体	玻璃微球

3.3.2 气-固色谱固定相

固体固定相包括吸附剂和聚合物固定相两类。将其直接装入色谱柱后即可用于分离。固体固定相的特点是能在高温下使用，可用于永久性气体（permanent gas）及其他气体混合物、高沸点混合物及极性较强的物质的分离与分析。

（1）吸附剂（adsorbent）

固体吸附剂是一些多孔、大表面、具有吸附活性的固体物质，优点是吸附容量大，耐高温无流失，适于分离永久性气体（在色谱中是指在常温常压下为气态的气体）。其缺点是吸附等温线不呈线性，进样量稍大而得不到对称峰。此外，由于吸附剂品种少，应用范围有限，其分离性能与制备、活化条件有关，常难以重复。常用吸附剂见表 3-5。

表 3-5 常用吸附剂

名称	主要成分	比表面积/(m²/g)	极性	最高使用温度/℃	用 途
活性炭	C	300～500	非极性	小于500	分离永久性气体和低沸点的烃类
石墨化炭黑	C	小于100	非极性	大于500	分离气体及烃类。对高沸点有机化合物也能分离
硅胶	$SiO_2 \cdot nH_2O$	500～700	极性	随活化温度而定	分离永久性气体及低级烃类
氧化铝	Al_2O_3	100～300	弱极性	随活化温度而定	分离烃类及有机异构体
分子筛	$xMO \cdot yAl_2O_3 \cdot zSiO_2 \cdot nH_2O$	50～1000	强极性	400	分离永久性气体及惰性气体

（2）聚合物固定相（polymer stationary phase）

聚合物固定相是近年来出现的一种较为理想的新型固定相。它主要是以苯乙烯或乙烯苯为单体，二乙烯基苯为交联剂（cross-linking agent）共聚而成。它既是性能优良的吸附剂，可直接作为固定相使用，也可作为载体在表面涂固定相后使用。由于聚合物固定相是由人工合成制得，所以可控制其孔径大小及表面性质。一般来说，此类固定相颗粒为球形，所以色谱柱易填充均匀，结果重现性好；又由于在直接用作固定相时，无液膜存在，无流失问题，有利于大幅度程序升温操作，用于宽沸点的样品的分离。实验证明，这类聚合物固定相特别适于有机物中痕量水的分析。常用的聚合物固定相有高分子多孔微球 GDX 系列、红色硅藻土色谱载体 Chromosorb 系列。

3.4　气相色谱检测器

检测器（detector）是将流出色谱柱的载气中被分离组分的浓度（或量）的变化，转换为电信号变化的装置。它与色谱柱构成气相色谱仪的两个主要部分，被称为色谱仪的"眼睛"。

气相色谱检测器种类较多，原理和结构各异。根据检测器的响应原理，可将其分为浓度型和质量型两类。浓度型检测器（concentration detector）测量的是某组分浓度瞬间的变化，检测器的电信号响应值与组分的浓度成正比，如热导检测器（TCD）和电子捕获检测器（ECD）等；质量型检测器（mass detector）测量的是某组分进入检测器的速度的变化，检测器的电信号响应值和单位时间内进入检测器某组分的质量成正比，如氢焰离子化检测器（FID）和火焰光度检测器（FPD）等。

3.4.1　热导检测器

热导检测器（thermal conductivity detector，TCD）是根据被检测组分与载气的热导率（thermal conductivity）不同来检测组分的浓度变化。TCD是气相色谱仪最为普遍使用的一种通用型浓度型检测器。TCD具有结构简单、稳定性好、对有机物和无机物皆有响应、应用范围广、样品不被破坏等优点，但与其他检测器相比灵敏度较低。

（1）结构与检测原理

热导检测器的信号检测部分为热导池，它由池体和热敏元件两部分组成。热导池池体由不锈钢制成，池体上有四个对称的孔道，在每个孔道中固定一根长度和阻值相等的螺旋形金属丝（常用钨丝或铼钨丝制成），与池体绝缘，该金属丝称为热敏元件，如图3-5所示。

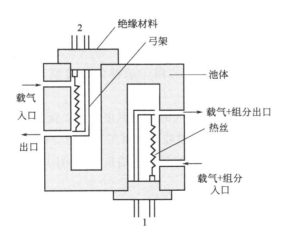

图 3-5　双臂热导池示意图
1—测量臂；2—参考臂

热导池可分为双臂热导池和四臂热导池。由两根热丝组成的是双臂热导池，其中一臂为参考臂，另一臂为测量臂；由四根热丝组成的是四臂热导池，其中两臂为参考臂，另两臂为测量臂。将两个材质、电阻相同的热敏元件，装入一个双腔的池体中，构成双臂热导池，如图3-5所示。

一臂连接在色谱柱之前只通载气，称为参考臂（reference arm），一臂连接在色谱柱之后，称为测量臂（measuring arm）。两臂的电阻分别为R_1和R_2，将R_1和R_2与两个相同电阻的固定电阻R_3、R_4组成惠斯通电桥，如图3-6所示。

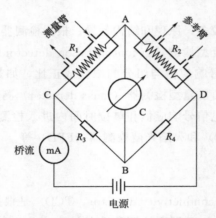

图3-6　热导池惠斯通电桥示意图

当载气以恒定的速度通入，并以恒定的电压给热导池通电时，钨丝因通电而使温度升高，所产生的热量被载气带走，并通过载气传给池体。当热量的产生与散热建立热动平衡后，钨丝的温度恒定。若测量臂无样品通过，只通载气时，两个热导池钨丝的温度相等，则$R_1=R_2$。根据惠斯通电桥原理，当$R_1/R_2=R_3/R_4$时，A、B两点间的电位差$V_{AB}=0$，因此，此时检流计G中无电流通过（$I_G=0$），检流计指针停在零点。

当样品由进样器注入，通过色谱柱分离后，某组分被载气带入测量臂时，若组分与载气的热导率不等，则测量臂的热动平衡被破坏，钨丝的温度将改变。若组分的热导率小于载气的热导率，则散热少，钨丝的温度升高，电阻R_1增大。因R_2未变，所以$R_1>R_2$；$R_1/R_2\neq R_3/R_4$；$V_{AB}\neq 0$，$I_G\neq 0$，检流计指针偏转。当组分完全通过测量臂后，指针又恢复至零点。因此，若用记录器代替检流计，则可记录$U(\text{mV})$-t曲线，即流出曲线。

由于V_{AB}的大小决定于组分与载气的热导率之差，以及组分在载气中的浓度，因此在载气与组分一定时，峰高（V_{AB}）或峰面积可用于定量分析。

由于双臂热导池灵敏度低，目前的气相色谱仪都采用四臂热导池，其灵敏度在相同条件下是双臂热导池的两倍。

（2）使用注意事项

① 载气的选择　使用热导检测器时，为获得较高的灵敏度，可选择氢气为载气，而且不出倒峰。但不安全，使用时应对气路系统进行严格检漏。氦气较理想，但价格较高。

② 桥电流的选择　热导检测器响应值与桥电流的三次方成正比，增加桥电流可提高灵敏度，但增加桥电流，热丝易被氧化甚至烧坏热敏元件，所以，桥电流的选择原则

是，在满足灵敏度要求的前提下，尽可能选用低桥电流，以保护热敏元件。在开机时，应先通载气，再加桥电流；关机时，应先关桥电流，再关载气，防止热敏元件温度过高而损坏。

③ 检测器温度的选择 使用热导检测器还应注意控制检测器的温度，其温度应高于柱温（通常高于柱温 20～50℃），以防待测组分在热导池中冷凝，污染热导池，最终造成基线不稳。

3.4.2 氢焰离子化检测器

氢焰离子化检测器（hydrogen flame ionization detector，FID）简称氢焰检测器。FID 是利用有机物质在氢焰的作用下，化学电离而形成离子流（ion current），根据测定离子流强度进行检测。FID 具有灵敏度高、响应快、线性范围宽等优点，是目前最常用的检测器之一。但一般只测定含碳有机物，检测时样品被破坏，属于专属型检测器。

（1）结构与检测原理

氢焰检测器由离子室和离子头组成，如图 3-7 所示。

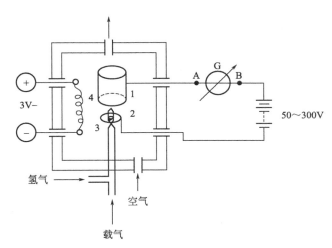

图 3-7 氢焰检测器的结构示意图

1—收集极；2—极化极；3—氢火焰；4—点火线圈

离子室为一不锈钢圆筒，它包括气体入口（空气、载气、氢气）和气体出口等。筒顶有不锈钢罩，其作用是避免灰尘进入离子头内，屏蔽外磁场的干扰，防止外界气流扰动火焰。离子头是氢焰检测器的关键部件，它由火焰喷嘴、极化极（负极）和收集极（正极）组成。收集极位于极化极之上，两极间加有极化电压。

有机化合物进入氢火焰，在燃烧过程中，直接或间接产生离子。在收集极和极化极之间形成定向流动的离子流。离子流强度与进入检测器中组分的量及其含碳量有关，因此在组分一定时，测定电流强度（离子流强度）可以对组分进行定量分析。

在有机物未通过检测器时，氢气在空气中燃烧，在电场的作用下，也能产生极微弱的离子流，一般只有 10^{-12}～10^{-11} A，此电流称为检测器的本底（background）。在有微量有机物引入检测器后，电流急剧增加，可达到 10^{-7} A。电流大小与有机物引入量成正比。虽然电流急剧增加，但仍然很小，须经放大器放大后，然后用记录器（电子电位差计）记录电压随时间的变化而得出色谱流出曲线。

（2）使用注意事项

① 气体流量　FID 常用氮气为载气，氢气为燃气，空气为助燃气，三种气体流量的比例会影响火焰的温度和组分的电离程度，若氢气流量低，易熄灭，灵敏度低；若氢气流量高，噪声大。空气流量太低，灵敏度低，高于一定量时，对结果无影响，造成气体的浪费。因此，三种气体常用比例是氮气∶氢气∶空气＝1∶（1～1.5）∶10。

氢焰检测器为质量型检测器，峰高取决于单位时间引入检测器中组分的质量。在进样量一定时，峰高与载气流速成正比，而载气流速对峰面积的影响较小，因此一般采用峰面积定量。若用峰高定量时，需保持载气流速恒定。

② 使用温度　检测器温度应控制在100℃以上，否则水蒸气会冷凝在检测器中，影响测定结果。

3.4.3　电子捕获检测器

电子捕获检测器（electron capture detector，ECD）是一种高灵敏度浓度型检测器。ECD 是利用电负性物质捕获电子的能力，通过测定电子流进行物质的定量分析。因此，ECD 只对含电负性强的物质如含有卤素、硫、磷和氧的物质有响应，且电负性越强，灵敏度越高，其检测下限可达 $10^{-14}\,g/mL$。它是一种专属型检测器，是目前分析痕量电负性有机化合物最有效的检测器，广泛应用在农药残留量、环境保护及药物分析等领域。

（1）结构与检测原理

电子捕获检测器的结构如图 3-8 所示。

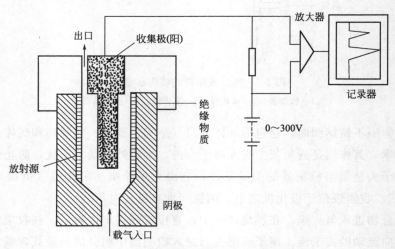

图 3-8　电子捕获检测器的结构示意图

在检测器池体内有一筒状的 β 放射源（^{63}Ni）作为阴极，内腔中央的不锈钢棒作阳极（收集极），在两极间施加直流或脉冲极化电压，当载气（通常采用高纯氮气）进入检测器时，由放射源辐射出的 β 射线使载气分子电离，产生慢速自由电子及阳离子

(cation)，β 射线失去部分能量（β^*）。

$$N_2 + \beta \longrightarrow N_2^+ + e^- + \beta^*$$

在电场的作用下，慢速电子和正离子分别向两极定向运动，产生恒定的基始电流（基流）。基流与极化电压成正比。电压超过某数值时，基流不再增大，此最大基流称为饱和基流（I_0）。I_0 是检测器的性能指标之一。I_0 大，检测器灵敏度高。当具有强电负性元素物质（AB）进入检测器时，捕获了这些慢速电子，产生带负电荷的离子并释放出能量，生成的负离子又与载气正离子碰撞生成中性化合物。

$$AB + e^- \longrightarrow AB^- + E \qquad AB^- + N_2^+ \longrightarrow N_2 + AB$$

被测组分捕获电子，使基流下降，产生负信号而形成倒峰，经放大器放大后，极性转换，输出正峰信号。信号的大小与进入检测器组分的浓度成正比，所以 ECD 为浓度型检测器。

（2）使用注意事项

① 载气的纯度和流量　使用 ECD 时，需用高纯度氮气（纯度高于 99.99%）作为载气，因为低纯度的载气中含有少量的 O_2 和 H_2O 等电负性杂质，会捕获电子，造成基流下降，使检测器灵敏度降低，若长期使用低纯度的载气将污染检测器。载气流速对基流和检测器响应值也有影响，常用载气流速为 40～100mL/min。

② 安全使用　ECD 中含有放射源，使用时应注意安全，不可随意拆卸。

3.4.4　火焰光度检测器

火焰光度检测器（flame photometric detector，FPD）又称硫磷检测器。FPD 是一种对硫、磷化合物具有高选择性和高灵敏度的质量型检测器，主要用于检测大气中痕量硫化物、水中或农副产品及中药材中硫和磷的残留量。

（1）结构与检测原理

FPD 主要由火焰喷嘴、滤光片、光电倍增管组成，其结构如图 3-9 所示。它是利用富氢火焰使含硫、磷杂原子的有机物分解，形成激发态分子，当它们回到基态时，发射

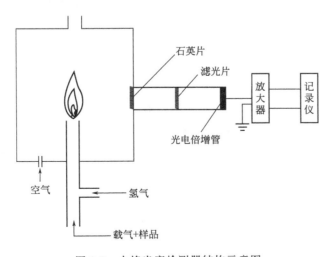

图 3-9　火焰光度检测器结构示意图

出一定波长的光。此光强度与被测组分的量成正比。所以，FPD是以物质与光相互作用为机理的检测方法。

含硫（或磷）的物质进入氢焰离子室，在富氢-空气焰中燃烧时，有下列反应：

$$H_2 \longrightarrow H+H \qquad RS+空气+O_2 \longrightarrow SO_2+CO_2 \qquad SO_2+4H \longrightarrow S+2H_2O$$

即含硫的物质被氧化为 SO_2 后，被氢原子还原成硫原子。硫原子在适当的温度下由基态跃迁至激发态生成 S_2^*。当 S_2^* 回到基态时，辐射能量，发射出 $350\sim430nm$ 的特征分子光谱，最强的发射波长为 $394nm$。

$$S+S \longrightarrow S_2^* \qquad S_2^* \longrightarrow S_2+E$$

当磷化物进入火焰时，形成激发态的 HPO^* 分子，它回到基态，发射出波长为 $480\sim580nm$ 的光，最大波长为 $526nm$。

$$PO+H \longrightarrow HPO^* \qquad HPO^* \longrightarrow HPO+E$$

这些发射光通过滤光片而照射到光电倍增管上，被转换为光电流，经放大器放大后，在记录仪上记录硫或磷物质的信号。

（2）使用注意事项

① 电离源的维护　在灵敏度能满足分析要求下，尽量使用低流速的氢气，以延长电离源的使用寿命。

② 光电倍增管（photomultiplier，PMT）的保护和调节　不使用时及时关掉PMT，以延长其使用寿命。PMT在使用时切勿见强光。工作电压影响PMT的灵敏度，为了保证测定结果的准确度，应定期调节PMT的工作电压。

③ 安全使用氢气　在仪器使用前，一定要检漏。切勿使氢气在柱温箱内，以防爆炸。

除了上述4种检测器外，气相色谱法中还可能会使用热离子检测器、氮磷检测器、傅里叶变换红外光谱检测器等，可参考相关专著。

3.4.5　检测器的性能指标

多数检测器的信号形式是微分型，即测量柱流出组分的瞬时变化，因此要求检测器的灵敏度高、选择性好、稳定性好、噪声低、线性范围宽、死体积小、响应快。其主要性能指标如下。

（1）灵敏度

灵敏度（sensitivity）又称响应值，用 S 表示，是评价一种检测器的优劣的重要指标之一。指一定量（Q）的组分通过检测器时所产生的电信号的大小（R），可通过所得色谱图中相应色谱峰的峰高或峰面积来进行计算。以 R 对 Q 作图，可得一直线（如图 3-10），直线的斜率即为检测器的灵敏度。可表示为：

$$S=\Delta R/\Delta Q \tag{3-2}$$

灵敏度越高，说明检测器的性能越好。常用两种方法表示，分别是浓度型检测器（S_C）和质量型检测器（S_m）。S_C 为 $1mL$ 载气携带 $1mg$ 的某组分通过检测器时，所产生的电压值，单位为 $mV \cdot mL/mg$。S_m 为每秒有 $1g$ 的某组分被载气携带通过检测器时，所产生的电压值，单位为 $mV \cdot s/g$。

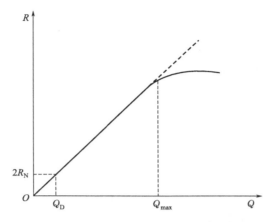

图 3-10　检测器的相应信号与进样量的关系

（2）噪声和漂移

在气相色谱分析中常用噪声和漂移来描述检测器和色谱仪的稳定性。检测器噪声与漂移都越小，说明检测器的性能越稳定。

噪声（noise）是样品通过检测器时，由仪器本身和工作条件等偶然因素引起的基线起伏，用 N 表示，单位为 mV。噪声的大小用噪声带的宽度来衡量，如图 3-11。如不进样时，记录某检测器的基线带宽度为 0.02mV，即噪声为 0.02mV。

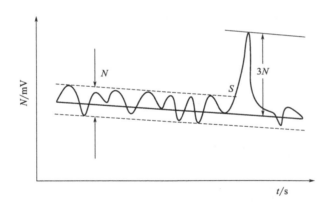

图 3-11　检测器的噪声和检测限示意图

漂移（drift）通常指基线在单位时间内单方向的缓慢变化的幅值，用 d 表示。通常用 1h 内基线水平的变化来衡量，单位为 mV/h。

（3）检测限

灵敏度只能表示检测器对某物质产生信号的大小，由于响应值放大时基线的波动（噪声）也会成比例增加，所以只用灵敏度不能全面地评价检测器的性能，为此引入检测限（detectivity），用 D 表示。检测限可以从这两方面（噪声和灵敏度）说明检测器的性能。

检测限是以检测器恰能产生 3 倍噪声信号时，单位时间内进入检测器的质量（质量型检测器，D_m）或单位体积载气中所含该组分的量（浓度型检测器，D_C）。

$$D_m = 3N/S_m \quad 或 \quad D_C = 3N/S_C \tag{3-3}$$

（4）最小检测量

检测限越小，检测器的性能越好。在实际检测中，常用最小检测量或最低检测浓度描述色谱分析的方法性能，最小检测量（W）或最低检测浓度指的是恰能产生 3 倍噪声信号时，色谱体系所需样品的质量（g 或 mg）。必须注意检测器的检测限与色谱分析的最小检测量或最低检测浓度的概念不同，检测限是评价检测器性能的指标，而最小检测量或最低检测浓度不仅与检测器的性能相关，还与色谱柱柱效、色谱峰的峰宽、进样量、操作条件等因素有关。

$$W = 3Nm/h \tag{3-4}$$

式中，W 为最小检测量（g 或 mg）；N 为噪声（mV）；m 为进入色谱体系所需样品的质量（mg）；h 为色谱峰的峰高。

（5）线性范围

检测器的线性范围是指响应值与待测组分浓度之间呈线性关系的范围，通常以线性范围内，待测组分最大浓度（或量）与最低浓度（或量）之比表示。对于同一检测器，不同组分具有不同的线性范围，不同检测器线性范围有很大差别。比值越大，线性范围越好。常用检测器的性能如表 3-6 所示。

表 3-6　常用检测器的性能

检测器	噪声	检测限	线性范围	检测对象	常用载气
TCD	$0.005 \sim 0.01\,mV$	$10^{-10} \sim 10^{-6}\,g/mL$	$10^4 \sim 10^5$	通用	He、H_2
FID	$10^{-14} \sim 5 \times 10^{-14}\,A$	$< 2 \times 10^{-12}\,g/s$	$10^6 \sim 10^7$	含碳有机化合物	N_2
ECD	$10^{-12} \sim 10^{-11}\,A$	$1 \times 10^{-14}\,g/mL$	$10^2 \sim 10^5$	含电负性基团	N_2
FPD	$10^{-10} \sim 10^{-9}\,A$	$P: \leqslant 1 \times 10^{-12}\,g/s$ $S: 5 \times 10^{-11}\,g/s$	$P: > 1 \times 10^3$ $S: 5 \times 10^2$	含 P,S 化合物	N_2、He

3.5　气相色谱分析条件的选择

3.5.1　色谱条件的选择

色谱条件的选择就是寻求实现组分分离的满意条件。已知混合物分离的效果同时取决于色谱热力学因素（组分间分配系数的差异）和动力学因素（柱效能的高低）。前者由组分及固定相的性质决定，在试样一定时主要取决于固定相的选择，这是实现组分分离的内在的本质的因素。后者由分离操作条件的选择所决定，这是实现组分分离的外部条件。因此，色谱条件的选择包括分离条件和操作条件的选择。分离条件是指色谱柱。操作条件是指载气流速、柱温、进样条件、检测器等的选择，所以色谱条件的选择对于实现组分分离都是很重要的。

（1）色谱柱的选择

色谱柱是色谱分离的关键部分，色谱柱的选择主要是选择固定相和柱长。固定相选择需注意两方面：极性及最高使用温度。一般可按相似性原则和主要差别选择固定相。

柱温不能超过最高使用温度，因此在分析高沸点化合物时，需选择高温固定相。在气-液色谱法中，还要注意载体的选择。高沸点的样品用比表面积小的载体、低固定液配比（1%～3%），以防保留时间过长，峰扩张严重。此外，低配比时可使用较低柱温。低沸点样品宜用高配比（5%～25%），从而增大 k 值，以达到良好的分离。

柱长对色谱分离也有很大影响。柱长越长，分离度越大，但各组分的保留时间也随之增加，延长了分析时间。因此在满足分离度的前提下，应尽可能使用短的色谱柱。分离度与柱长有如下关系：

$$(R_1/R_2)^2 = L_1/L_2 \tag{3-5}$$

（2）柱温的选择

因为柱温直接影响分离度和分析速度。所以柱温的选择是条件选择的关键。通常要求柱温不能高于固定液的最高使用温度，以免固定液挥发流失。柱温对组分的分离影响较大，提高柱温，柱选择性降低，不利于分离。但柱温降低，被测组分在液相中的传质阻力增加，峰形变宽，柱效下降并延长分析时间，而且柱温太低，还会出现峰拖尾。因此柱温选择的基本原则是：在使最难分离的组分有尽可能好的分离度的前提下，应尽可能采用较低柱温，但以保留时间适宜且峰形不拖尾为度。

在实际色谱分析中，可根据样品的沸点来选择柱温，柱温与样品沸点间的关系如下。

① 高沸点混合物（300～400℃） 若希望在较低的柱温下分析，可采用低固定液配比 1%～3%，用高灵敏检测器，柱温可比沸点低 100～150℃，在 200～250℃的柱温下分析。

② 沸点＜300℃的样品 可用 5%～25%固定液配比，沸点越低，所用配比可以越高，柱温可以在比平均沸点低 50℃至平均沸点的温度范围内选择。

③ 宽沸程样品 混合物中高沸点组分与低沸点组分的沸点之差，称为沸程，宽沸程组分，选择一个恒定柱温常常不能同时兼顾，需采取程序升温方法。程序升温（temperature programming）是在色谱分离的过程中，按一定加热速度，使柱温随时间呈线性或非线性变化，使混合物中各组分能在最佳温度下流出色谱柱。

现举例说明程序升温与恒定柱温分离沸程为 225℃的烷烃与卤代烃九个组分的混合物的差别（如图 3-12）。

图 3-12(a) 为恒定柱温（T_c），$T_c = 45$℃，记录 30min 只有五个组分流出色谱柱，但低沸点组分分离较好。

图 3-12(b) 仍为恒定柱温，但 $T_c = 120$℃，因柱温升高，保留时间缩短，低沸点成分峰密集，分离度降低。

图 3-12(c) 为程序升温。由 30℃起始，升温速度为 5℃/min，使低沸点及高沸点组分都能在各自适宜的温度下分离。

由图 3-12 的比较，可看出程序升温改善了复杂成分样品的分离效果，使各成分都能在较佳的温度下分离，此外，程序升温还能缩短分析周期，改善峰形，提高检测灵敏度。

恒温色谱与程序升温色谱图的主要差别是前者色谱峰的半峰宽随 t_R 的增大而增大，

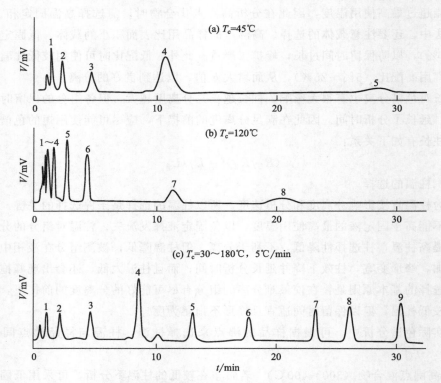

图 3-12　宽沸程混合物的恒温色谱与程序升温色谱分离效果的比较

1—丙烷（-42℃）；2—丁烷（-0.5℃）；3—戊烷（36℃）；4—己烷（68℃）；5—庚烷（98℃）；

6—辛烷（126℃）；7—溴仿（150.5℃）；8—间氯甲苯（161.6℃）；9—间溴甲苯（183℃）

后者的半峰宽与 t_R 无关。

（3）载气的选择

载气的选择首先要考虑检测器的适应性，如热导检测器要用氢气或氮气作载气，其次要考虑载气对柱效和分析速度的影响。

载气采用低线速时，宜用氮气为载气；高线速时，宜用氢气为载气。色谱柱较长时，在柱内产生较大的压力差，此时采用氢气较合适，因黏度（viscosity）小，压力差小。H_2 最佳线速度为 $10\sim12cm/s$；N_2 为 $7\sim10cm/s$。通常实验室中载气流速（F_c）用 mL/min 为单位，可在 $20\sim30mL/min$ 内通过实验确定最佳流速。线速度可通过计算求得。对于一定的色谱柱和样品，有其最佳的载气流速，此时柱效最高，但分析速度较慢，不能满足分析速度的要求。在实际分析中，为了缩短分析时间，往往使流速稍高于最佳流速。

用热导池检测器以氢气为载气时，不但灵敏度高而且不出倒峰（reversal peak）。从安全考虑，需严格检查管路的密封性。

（4）其他条件的选择

① 汽化室（vaporizer）温度　选择汽化温度取决于样品的挥发性、沸点、稳定性及进样量等因素。汽化室温度一般可等于样品的沸点或稍高于沸点，以保证迅速完全汽化。但一般不要超过沸点 50℃ 以上，以防样品分解。对于稳定性差的样品，可用高灵

敏度检测器，降低进样量，这时样品可在远低于沸点温度下汽化。一般选择汽化温度比柱温高 30～70℃。

② 检测室温度　为了防止色谱柱的流出物不在检测器中冷凝而污染检测器，检测室温度需高于柱温。一般可高于柱温 30～50℃或等于汽化室温度。但使用热导检测器时，若温度过高，灵敏度降低。

③ 进样量时间和进样量（sample size）　进样时间必须很快，若进样时间过长，试样原始宽度变大，峰形变宽，甚至使峰变形。一般用注射器或进样阀进样时，进样时间都在 1s 内。

进样量的大小直接影响谱带的初始宽度，进样量越大，谱带初始宽度越宽，不利于分离。因此，在检测器灵敏度足够的前提下，尽量减小进样量，通常以塔板数减少10％作为最大允许进样量。柱超载时峰变宽，柱效降低，峰不正常。一般来说，柱越长，管径越粗，固定液配比越高，组分的 k 越大，则最大允许进样量越大。对于填充柱，气体样品以 0.1～1mL 为宜，液体样品以不超过 4mL 为宜。柱超载时峰宽增大，峰形不正常。

3.5.2　色谱系统适用性试验

《中国药典》规定，气相色谱法及第四章高效液相色谱法进行药物分析时，需按各品种项下要求对色谱系统进行适用性实验，即用规定的对照品溶液或系统适用性实验溶液在规定的色谱系统进行实验，以判定所用的色谱系统是否符合规定的要求。必要时，可对色谱系统进行适当调整，以符合要求。

色谱系统适用性实验通常包括色谱柱的理论塔板数、分离度、重复性和拖尾因子等参数。

（1）色谱柱的理论塔板数（n）

此参数用于评价色谱柱的分离柱效。在规定的色谱条件下，注入供试品溶液或各品种项下规定的内标物质溶液，记录色谱图，通过供试品主成分或内标物质的保留时间、半峰宽或峰宽，计算色谱柱的理论塔板数。若测得的理论塔板数低于各品种项下规定的最小理论塔板数，应改变色谱柱的某些条件，使塔板数符合要求。

（2）分离度

用于评价待测物质与被分离物质之间的分离程度，是衡量色谱系统分离效能关键指标。定量分析时，要求待测物质色谱峰与相邻色谱峰之间的分离度大于 1.5。

（3）重复性

用于评价连续进样中色谱系统响应值的重复性。采用外标法时，取各品种项下的对照品溶液，连续进样 5 次，除另有规定外，其峰面积测量值的相对标准偏差不大于2.0％；采用内标法时，配制相当于 80％、100％和 120％的对照品溶液，加入规定量的内标溶液，配制 3 种不同浓度的溶液，分别至少进样 2 次，计算平均校正因子，其相对标准偏差不大于 2.0％。

（4）拖尾因子（T）

用于评价色谱峰的对称性。为了保证测量精度，特别是当采用峰高测量时应检查被测组分峰拖尾因子是否符合各品种项下的规定，除另有规定外，T 应为 0.95～1.05。

3.6 定性和定量分析方法

色谱法是一种分离分析方法，因此，特别适合于多组分混合物的定性和定量分析。

3.6.1 定性分析方法

色谱定性分析（qualitative analysis）的目的是鉴定试样中各组分即确定各色谱峰代表何种化合物。色谱法最大的优势是分离效能高，但因其不能提供分子结构信息而难以对未知物直接定性。近年来，气相色谱与质谱、红外光谱、核磁共振谱联用技术的发展，为未知物质的定性分析提供了新的手段，可获得较可靠的定性结果。

目前，色谱的定性方法包括两方面：一方面是以色谱保留值为依据对已知物中的未知物进行定性鉴别；另一方面是色谱与其他方法联用，如色谱-质谱联用技术，对未知物进行定性分析。具体内容见 3.9 节。

（1）根据色谱保留值定性

色谱定性的依据是同一种物质在相同的色谱条件下，保留值相同。

① 利用纯物质保留时间对照定性　在一定的色谱条件下，样品和纯物质分别进样，测定，对照比较，利用保留时间的一致性进行初步定性鉴别。若两者保留时间相同，则样品中可能含有该纯物质，否则，不含有该纯物质，如图 3-13 所示。

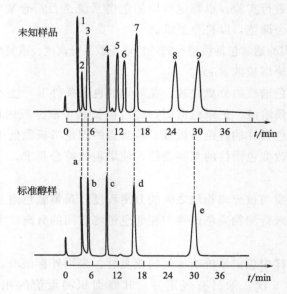

图 3-13　利用纯物质直接对照定性示意图

1～9　未知物的色谱峰　a—甲醇；b—乙醇；c—正丙醇；d—正丁醇；e—正戊醇

对组成较简单的试样，分别将试样和已知对照物在同一色谱柱上用完全相同的色谱条件进行分析，在获得的色谱图上，直接对比已知对照物色谱峰和试样中组分的色谱峰的保留时间（t_R）或保留体积（V_R）是否相同，可对未知色谱峰进行初步定性。

② 增加峰高法定性　如果试样组分较复杂，色谱峰之间距离太近，或者操作条件

不易控制稳定时，可将已知对照物加入到待测试样中混合进样，采用增加峰高法定性。将混合进样后的色谱图与待测试样单独进样时的色谱图进行比较，若某一待测组分的色谱峰峰高明显增加，则说明待测试样中可能含有已知对照物成分。图 3-14（b）显示添加组分 5 而使峰高比（a）图中组分 5 明显增加。

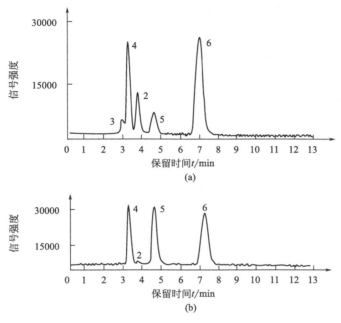

图 3-14　增加峰高法定性示意图

③ 利用文献保留值对照定性　在无法获得标准品时，可利用文献值定性，即利用标准品的文献保留值（相对保留值或保留指数）与未知物的测定保留值进行比较对照定性。

（2）利用"两谱"联用技术定性

以气相色谱为分离手段，质谱、核磁共振谱或红外光谱为检测器，称为"两谱"联用。气相色谱与质谱（GC-MS）、红外光谱（GC-IR）、核磁共振谱（GC-NMR）联用技术的发展，为未知试样的定性分析提供了新的手段，尤其是气相色谱-质谱（GC-MS）联用，是近代最受重视的分离和鉴定未知物的手段。有关 GC-MS 联用的技术将在 3.9 节进行介绍。

3.6.2　定量分析方法

3.6.2.1　色谱定量分析的依据

气相色谱法定量分析（quantitative analysis）的任务是求出混合样品中各组分的质量分数。其定量依据是被测组分的量（m_i）与其峰面积（或峰高）成正比，即

$$m_i = f'_i A_i \tag{3-6}$$

式中，m_i 为被测组分 i 的质量；A_i 为被测组分 i 的峰面积；f'_i 为被测组分 i 的校正因子。

可见，进行色谱定量分析时需要：①准确测量检测器的响应信号——峰面积或峰高；②准确求得比例常数——校正因子；③正确选择合适的定量计算方法，将测得的峰面积或峰高换算为组分的质量分数。

3.6.2.2 峰面积或峰高的测量

峰面积 A 或峰高是色谱图上最基本的定量依据。峰面积的测量直接关系到定量分析的准确度。不同形状的色谱峰应采用不同的测量方法。随着计算机技术和分析检测仪器的发展，目前气相色谱仪已配置自动积分仪或色谱工作站，可自动识别不同形状的色谱峰，根据响应信号的变化准确地测得峰面积和峰高。利用自动积分仪或色谱工作站对色谱峰进行数据处理快速简单，线性范围广，测量精度达 $0.2\%\sim1\%$。所以，早期用手动测量并近似计算峰高、峰面积的方法现在已很少使用。

3.6.2.3 校正因子

色谱定量的依据是被测组分的量与其峰面积成正比。但峰面积的大小不仅取决于组分的量，而且与它的性质有关。即相同量的同一物质在不同检测器上具有不同的峰面积；相同量的不同物质在同一检测器上又有不同的峰面积，因此不能直接用峰面积计算物质的含量。为了使检测器产生的响应信号能真实地反映物质的含量，需要对峰面积进行校正，因此引入校正因子（correction factor）。

$$f'_i = \frac{m_i}{A_i} \tag{3-7}$$

式中，f'_i 称为绝对校正因子，即单位峰面积所代表的物质的量，其值随色谱实验条件而变化，在实际分析中不易准确测定。因而很少使用。所以在色谱定量分析中常用相对校正因子（relative correction factor），即某物质 i 和标准物质 s 的绝对校正因子的比值。

$$f_i = \frac{f'_i}{f'_s} = \frac{m_i/A_i}{m_s/A_s} = \frac{m_i}{m_s} \times \frac{A_s}{A_i} \tag{3-8}$$

式中，A_i、A_s、m_i、m_s 分别代表物质 i 与标准物质 s 的峰面积和质量。

相对校正因子值只与被测物和标准物以及检测器的类型有关，而与操作条件无关。因此一般说来 f_i 值可从文献中查出引用。若文献中查不到所需的 f_i 值，也可进行测定，使用热导检测器（TCD）时，用苯作标准物质，使用氢焰检测器（FID）时，常用正庚烷作为标准物质。平常所指的校正因子都是相对校正因子，最常用的是质量校正因子。

测量相对校正因子时，首先准确称量标准物和待测物，然后将它们混合均匀进样，分别测出其峰面积，按式（3-8）进行计算。

3.6.2.4 定量方法

色谱定量方法主要分为归一化法、内标法、内标工作曲线法、外标法和标准加入法等。

(1) 归一化法（normalization method）

若试样中所有组分都能流出色谱柱，并得到相应的色谱峰，则可用归一化法计算各组分的含量。假设试样中含有 n 个组分，每个组分的质量分别为 m_1、m_2、$\cdots$、m_n，各组分质量总和为 m，各组分质量分数总和为 100%，其中 i 组分的质量分数 w_i 可按下式计算：

$$w_i = \frac{m_i}{m} \times 100\% = \frac{m_i}{m_1 + m_2 + \cdots + m_n} \times 100\%$$

$$= \frac{A_i f_i}{A_1 f_1 + A_2 f_2 + A_3 f_3 + \cdots + A_n f_n} \times 100\% \tag{3-9}$$

在进行同系物或结构异构体分析时，由于各组分的性质差别较小，使其校正因子相近，可将相对校正因子消去，则式(3-9) 可简化为

$$w_i = \frac{m_i}{m} \times 100\% = \frac{A_i}{A_1 + A_2 + A_3 + \cdots + A_n} \times 100\% \tag{3-10}$$

例 3-1 用热导检测器分析乙醇、庚烷、苯及乙酸乙酯的混合物。实验测得它们的色谱峰面积（单位：cm^2）各为 5.0、9.0、4.0 及 7.0，由手册查得它们的相对质量校正因子 f_g 分别为 0.64、0.70、0.78 及 0.79。按归一化法，分别求它们的质量分数。

解： $w_{乙醇} = \dfrac{5.0 \times 0.64}{5.0 \times 0.64 + 9.0 \times 0.70 + 4.0 \times 0.78 + 7.0 \times 0.79} \times 100\%$

$= \dfrac{3.20}{18.15} \times 100\% = 17.6\%$

$w_{庚烷} = \dfrac{9.0 \times 0.70}{18.15} \times 100\% = 34.7\%$

$w_{苯} = \dfrac{4.0 \times 0.78}{18.15} \times 100\% = 17.2\%$

$w_{乙酸乙酯} = \dfrac{7.0 \times 0.79}{18.15} \times 100\% = 30.5\%$

归一化法的优点：简便、定量结果与进样量无关（在色谱柱不超载的范围内）、操作条件变化时对结果影响较小。缺点：所有组分在一个分析周期内都必须能流出色谱柱，而且检测器对它们都产生信号。此法不适用于微量杂质的含量测定。

《中国药典》（2015 年版）规定可用面积归一化法粗略考察药物中杂质含量，由于仪器响应的线性限制，该法一般不适用于微量杂质的检查。

在一个分析周期内，若混合物样品中所有组分不能全部流出色谱柱（如不汽化组分等）；或检测器不能对每个组分都产生信号；或只需要测定混合物中某几个组分的含量时，可采用外标法和内标法。

（2）内标法（internal standard method）

内标法是选择试样中不含有的一定量的纯物质作为内标物，加入准确称量的待测试样中，混合均匀，进样分析，根据待测试样与内标物的质量及其色谱图中相应的峰面积和校正因子，计算待测组分的含量的方法。

$$\frac{m_i}{m_s} = \frac{A_i f_i}{A_s f_s}, \quad m_i = \frac{A_i f_i}{A_s f_s} \times m_s \tag{3-11}$$

$$x_i = \frac{m_i}{m} \times 100\% = \frac{A_i f_i}{A_s f_s} \times \frac{m_s}{m} \times 100\% \qquad (3\text{-}12)$$

式中，x_i 为 i 组分的含量；m 和 m_s 分别为待测试样和内标物 s 的质量；A_i 和 A_s 分别为待测组分 i 和内标物 s 对应的色谱峰峰面积；f_i 和 f_s 分别为待测组分 i 与内标物 s 的峰面积校正因子。

内标物的选择是内标法定量分析的关键，其选择的基本原则如下：a. 内标物必须是待测试样中不存在的纯物质；b. 内标物与待测组分的性质相近或相似（如挥发性、化学结构、极性、溶解性等）；c. 内标物与试样互溶，且不发生化学反应；d. 内标物色谱峰的位置与待测组分接近，或在几个待测组分的色谱峰之间，并与待测试样中的各个组分的色谱峰完全分离。

内标法的优点如下：a. 在进样量不超限的范围内，定量分析结果与进样量无关；b. 只要被测组分与内标物出峰，且分离度符合要求即可定量分析，与其他组分是否出峰无关；c. 适用于复杂试样及微量组分的定量分析。

内标法的缺点是每次分析时均需准确称取试样和内标物的质量，且需要计算校正因子。内标物的找寻有一定难度。

《中国药典》（2015 年版）规定可用内标法测定药品及复方药物的某些有效成分的含量和微量杂质。

（3）内标工作曲线法

为了减少批量检测时内标法中称量和处理数据的烦琐，可用内标工作曲线法进行定量。配制一系列浓度的标准溶液，分别取相同质量或相同体积的标准溶液加入等量的内标物 s，测得 i 组分和内标物 s 的峰面积（A_i 和 A_s），然后以 A_i/A_s 对标准溶液的浓度作工作曲线，即内标工作曲线，求出回归方程。试样分析时，取与建立内标工作曲线时相同量的试样和内标物，测得相应峰面积，根据内标工作曲线的回归方程，可计算出待测组分的含量。

（4）外标法（external standard method）

以待测物的纯品作为对照物质，通过比较对照物质和试样中待测组分的响应信号进行定量的方法称为外标法。此法可分为标准曲线法（或称工作曲线法）和外标一点法等。

① 标准曲线法　此法是配制一系列浓度（一般要求至少取 5 个不同浓度）的标准品溶液，以峰面积对浓度确定标准曲线或求出回归方程。在相同的色谱条件下，准确进样与标准品溶液体积相同的样品溶液，根据待测组分的峰面积，由标准曲线上查出其浓度或代入回归方程计算样品中某组分的含量。

通常工作曲线的截距近似为零，若截距偏大，则说明存在一定的系统误差。若工作曲线线性良好，同时截距近似为零（即标准曲线过原点），可采用外标一点法定量。

② 外标一点法　该法是用待测物质（i）与某一浓度的该物质的标准溶液（s）进行比较分析。在完全相同的操作条件下进样分析，分别测得待测物质和标准溶液的峰面积，质量（m）和峰面积（A）之间关系如下：

$$m_i = \frac{A_i}{(A_i)_s}(m_i)_s \tag{3-13}$$

式中，m_i 与 A_i 分别代表在样品溶液进样体积中，所含 i 组分的质量及相应的峰面积；$(m_i)_s$ 及 $(A_i)_s$ 分别代表 i 组分纯品标准溶液，在进样体积中所含 i 组分的质量及相应峰面积。

外标法简便易行，不需要校正因子，但要求进样量准确及实验条件恒定。为降低实验误差，应尽量使配制的标准溶液的浓度与样品中 i 组分的浓度相近，进样量应尽量保持一致。

《中国药典》（2015 年版）规定可用外标法测定药品中某组分的含量或杂质的含量。

（5）标准加入法

若内标物难以找寻时，可采用标准加入法进行定量。该法是在待测试样中加入一定量的待测组分 i 的标准对照物，检测增加标准对照物后组分 i 的峰面积的增量，计算组分 i 的含量。计算公式如下：

$$\frac{m_i}{\Delta m_i} = \frac{f_i A_i}{f_i \Delta A_i} = \frac{A_i}{\Delta A_i} \qquad m_i = \frac{A_i}{\Delta A_i}\Delta m_i \tag{3-14}$$

式中，Δm_i 为标准对照物的添加量；ΔA_i 为组分 i 峰面积的增量。

若对多组分样品进行定量分析时，可选择一个适宜的组分作为参比峰（r），以组分 i 峰面积与参比峰 r 峰面积的比值替代组分 i 峰面积进行计算组分 i 的含量。这样可以消除进样量等操作条件的不稳定带来的误差。计算公式如下：

$$m_i = \frac{A_i/A_r}{A_i'/A_r - A_i/A_r}\Delta m_i \tag{3-15}$$

式中，A_i 和 A_r 分别为待测试样进样时待测组分 i 和参比组分 r 的峰面积，A_i' 为待测试样添加组分 i 的标准对照物后的峰面积。

《中国药典》（2015 年版）规定：当标准加入法与其他定量方法结果不一致时，应以标准加入法结果为准。

3.7　气相色谱仪的操作及其维护

3.7.1　气相色谱仪的基本操作方法

虽然气相色谱仪器种类较多，不同型号的仪器其操作方法各异，具体操作应按其说明书要求进行。但一般来说，气相色谱仪的基本操作方法大致相同，现介绍如下：

（1）操作前的准备

检查仪器电源线连接是否正常、气路管线连接是否正常，是否漏气。

（2）开机

打开气源（按相应的检测器所需气体），打开计算机，进入 Windows 主菜单界面，打开主机电源开关，待仪器自检完毕后，打开色谱工作站。

（3）设置参数

根据样品的性质，在色谱工作站中或仪器中输入分析参数，如检测器温度、柱温、进样口温度及所需气体流速等。检查设定的各项参数无误后，开始运行仪器。

（4）样品测定

待各参数达到设定值，基线平稳后，即开始进行样品的分析。

（5）关机

实验结束后，运行关机方法，也可在控制面板上调节检测器温度、柱温、进样口温度，关闭空气及氢气（若使用 FID 检测器），氮气瓶至仪器关闭后方可关闭。待柱温降至 50℃ 以下，进样口温度及检测器温度降至 100℃ 以下，关闭主机电源，关闭氮气阀及电源开关。气相色谱仪器应遵守"先通气，后开电，先关电，后关气"的基本操作原则。

（6）填写仪器使用记录

3.7.2　气相色谱仪的维护

任何分析仪器要想保持良好的性能都离不开日常的维护和保养，气相色谱仪经常用于有机物的定量分析，仪器在运行一段时间后，其性能有所下降，如 FID 检测器的喷嘴或收集极出现炭的沉积等。所以，需要对气相色谱仪进行必要的维护和保养。

（1）实验室环境要求

气相色谱实验室对温度、湿度、电源及防尘有一定要求。温度一般要求在 15～30℃，湿度为 30%～70%。室内采用单独稳压器提供电源，定期清扫仪器内部和电路板的灰尘，保持仪器的清洁。

（2）载气系统

使用高纯载气、纯净的氢气及空气；若使用 FID 检测器时，确保载气、氢气及空气的流量和比例适当，通常 N_2：H_2：空气为 1：1：10，针对不同仪器的特点，可在此基础上，做适当的调整。经常进行试漏检查，确保整个气路系统不漏气。

（3）进样系统

为了保证分析结果的准确性，防止基线的漂移或鬼峰的发生，应定期更换进样隔垫，经常检查汽化室的气密性，及时清洗玻璃衬管、分流平板和分流管线。另外，还应注意样品进入进样系统前，需用微孔滤膜过滤，确保样品中不含固体颗粒；进样量小，避免超负荷进样。

（4）分离系统

色谱柱是气相色谱仪的核心部件，对样品的分离起到至关重要的作用。色谱柱在使用前，需预先老化使固定液更均匀、更牢固地涂布在载体表面并除去色谱柱中残留的溶剂。色谱柱在使用时，认真阅读色谱柱说明书中色谱柱最高使用温度，色谱柱温应小于色谱柱的最高使用温度，若超过上限温度，将导致固定液的流失，分离效能下降。分析结束后，应使得色谱柱的温度降至 50℃ 以下，防止氧损坏色谱柱。使用高纯载气，安装并定期更换氧气捕集阱。

（5）检测系统

目前氢焰离子化检测器（FID）是气相色谱仪使用最为广泛的检测器。FID适用于含碳的有机物的检测，但在长期使用中，FID检测器的喷嘴和收集极会出现炭的沉积等现象，会造成灵敏度下降、基线不稳定。因此应定期清洗检测器的喷嘴和收集极。另外，还应注意检测器的温度应不低于100℃，防止燃气氢气生成的水会冷凝在检测器中，造成检测器污染、不能点火而影响分析检测。

3.7.3 气相色谱分析中常见问题及解决方法

在色谱分析过程中，常见现象有保留时间、基线、色谱峰等问题。

（1）色谱保留时间常见问题及处理方法

保留时间漂移是指在色谱仪正常运行过程中，保留时间持续增加或减少。保留时间常见问题及处理方法见表3-7。

表 3-7 保留时间常见问题及处理方法

现象	问题产生原因	处理方法
保留时间缓慢增加	色谱柱温度或载气流速设置不合理、隔垫漏气或载气瓶气体耗尽导致压力不足	设置合理的色谱柱温度和载气流速；检查隔垫是否漏气；载气瓶内气体保持充足
保留时间缓慢减小	色谱柱温度或载气流速设置改变	合理设置色谱柱温度或载气流速
保留时间出现波动	色谱柱箱温度的变化	合理设置柱箱温度

（2）色谱基线常见问题及处理方法

在气相色谱分析过程中，色谱基线问题的常见现象有：基线的位置不准确；基线突然改变；基线出现波动或漂移；色谱基线出现噪声等。基线问题产生的可能原因和处理方法见表3-8。

表 3-8 基线常见问题及处理方法

现象	问题产生原因	处理方法
基线位置不准确，基线不在记录纸下方	气相色谱仪的相关设置不正确	检查气相色谱仪的记录设备；查看相关设置是否正确
基线位置突然改变	色谱运行过程中衰减或者量程变化；可能气路出现泄漏	要定期检查气路的密封性；更换相应的零部件
基线出现波动	色谱分析仪的温度或者流量的设置变化时，会出现基线波动，这属于正常波动。若设置完成后还出现基线上下波动的情况，可能是气路系统出现漏气现象	需要检查气路的密封性
基线出现上、下漂移	基线漂移的情况通常出现在仪器升温的过程中	使用温度上限较高的色谱柱
色谱基线运行正常时突然出现噪声	可能人为变更仪器条件；可能更换新的密封圈	查询是否对系统的正常工作状态进行人为变更；是否更换过密封圈，新的密封圈会释放出物质产生噪声
噪声由弱到强，导致仪器不能正常工作	氢焰离子化检测器(FID)中产生积垢；溶剂燃烧不完全，在检测器里产生积炭；载气纯度不够	清洗或更换衬管；清洗检测器；使用高纯氮气

（3）色谱峰常见问题及处理方法

在气相色谱分析过程中，色谱峰问题的常见现象有：色谱无峰或者倒峰；色谱出现多余峰；色谱峰发生变形等。色谱峰问题产生的可能原因和处理方法见表3-9。

表 3-9　色谱峰常见问题及处理方法

现象	问题现象原因	处理方法
色谱无峰	由错误操作导致	检查样品进样设置是否无误；检查色谱仪信号设置是否准确
色谱倒峰	载气使用错误；进样时设置是否有误	载气使用要正确；进样时设置是否准确
色谱出现"鬼峰"	可能色谱柱被污染、载气中有杂质、气路被污染、进样口被污染或者是密封圈物质流失等	必须做好仪器的清洁工作，保证样品及载气中无污染物质
色谱峰快速上升	样品与色谱柱中填充材料发生相互作用	需要更换色谱柱
色谱峰快速降落	由样品超载导致；可能是两个很接近的峰	减少进样量；降低温度来增加峰的分离度
色谱峰顶端变宽	检测器超载引起的	减少样品进样量来验证
色谱峰顶端出现分裂	检测器超载可能会导致峰顶端倒置，看起来像是分裂的峰	稀释样品，看分裂峰是否消失

3.8　气相色谱法的应用

气相色谱法在药学、石油化工、环境监测及生命科学等领域具有广泛的应用，在药学领域中主要用于药物制剂中微量水分及有机溶剂残留量的测定、药物的含量测定及杂质检查、中药挥发性成分测定、体内药物代谢及临床诊断等方面。

例 3-2　西瓜润喉片中龙脑的含量测定 [《中国药典》（2015 年版）一部第 830 页]。

西瓜润喉片由西瓜霜、冰片、薄荷素油及薄荷脑组成，具有清音利咽、消肿止痛等作用。

色谱条件与系统适用性实验　改性聚乙二醇 20000（PEG-20M）毛细管柱（柱长为 30m，柱内径为 0.53mm，膜厚度为 1.2μm）；柱温 135℃；理论板数按龙脑峰计算应不低于 8000。

校正因子的测定　取水杨酸甲酯适量，加无水乙醇制成每 1mL 含 0.2mg 的溶液，作为内标溶液。取龙脑对照品约 15mg，精密称定，置 100mL 量瓶中，加入内标溶液溶解并稀释至刻度，摇匀。吸取 1μL，注入气相色谱仪，计算校正因子。

测定法　取质量差异项下的本品，研细，取约 1.5g，精密称定，置具塞锥形瓶中，精密加入内标溶液 5mL，摇匀，称定质量，超声处理（功率 250W，频率 50kHz）20min，放冷，再称定质量，用无水乙醇补足减失的质量，摇匀，离心，吸取上清液 1μL，注入气相色谱仪，测定，即得。

本品每片含冰片以龙脑（$C_{10}H_{18}O$）计，小片不得少于 0.18mg，大片不得少于 0.36mg。

3.9 气相色谱-质谱联用技术简介

色谱联用技术（hyphenated chromatography）是将色谱仪器与定性、定量结构的分析仪器相结合，借助计算技术，进行联用的分析技术。

色谱法虽具有分离效能高的优势，但对于组分的定性鉴别、确定结构的能力较差，通常只是在已知范围内利用各组分的保留特性进行定性，尤其对于完全未知的组分的定性分析比较困难。而质谱和光谱法却能够给出与结构相关的丰富信息，确定被测组分的分子结构，定性能力较强。

色谱-质谱联用法是将具有强分离能力的色谱法与具有强定性能力的质谱法联用，从而对复杂组分试样进行分离检测的方法，色谱-质谱联用仪同时具备了色谱仪和质谱仪两种仪器的优势功能。色谱-质谱联用是目前最为成熟的一类联用技术，主要包括气相色谱-质谱联用（GC-MS）和高效液相色谱-质谱联用（HPLC-MS）。

3.9.1 气相色谱-质谱联用仪

气相色谱-质谱联用（GC-MS）技术是利用气相色谱对混合组分的高效分离能力和质谱对物质的强的定性能力结合而发展起来的一种分析检测技术，将气相色谱仪与质谱仪整合之后的仪器称为气相色谱-质谱联用仪。气相色谱仪可视为进样和分离装置，质谱仪可视为气相色谱仪的检测器。气相色谱-质谱联用技术发展较早且技术成熟，是目前分析仪器联用技术中最为成功的一种，早已商品化生产，并广泛应用于药学及其他各个领域。

3.9.1.1 基本结构

GC-MS 联用仪由气相色谱单元、接口、质谱单元和数据处理系统组成，其主要构成模块如图 3-15 所示。

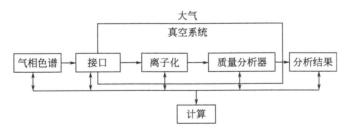

图 3-15 气相色谱与质谱（GC-MS）的联用系统示意图

气相色谱单元对待测试样中的各组分进行有效分离，起着样品制备的作用；接口装置将从气相色谱单元流出的各组分送入质谱单元进行检测，起着气相色谱和质谱之间适配器的作用；质谱单元对从接口顺序传入的各组分依次进行分析检测，成为气相色谱仪的检测器；计算机系统交互式地控制气相色谱单元、接口和质谱单元，进行数据采集和处理，并同时给出色谱和质谱数据（色谱图和质谱图），计算机系统是 GC-MS 的中央控制单元。

(1) 气相色谱单元

用于 GC-MS 系统的气相色谱单元除应能实现复杂样品的高效分离外，还应满足质谱仪的一些特殊要求。如要求气相色谱柱的固定相必须耐高温、不易流失，载气通常需要使用氦气以获得灵敏的质谱检测信号。

气相色谱单元的色谱柱分填充柱和毛细管柱两类。在实际应用中，色谱柱型的选择应视分析情况而定。如果样品不是十分复杂，分离要求不高，可采用内径 2mm 的填充柱，因填充柱柱内径太大，载气流量大，不适宜直接与质谱仪相连（需专门接口）。若样品比较复杂，要求进样量少，则应选用毛细管柱。内径 0.32 mm（或更小内径）的毛细管柱可通过接口装置直接导入质谱仪；内径 0.53 mm 的大口径毛细管柱需分流后再通过接口装置直接导入质谱仪或者导入喷射式接口后进入质谱仪。

在实际分析中，联机前应先优化色谱条件，这样可以在最佳色谱条件下进行联机分析。

(2) 接口

接口是实现气相色谱单元与质谱单元联用的关键部件，通过接口装置来完成待测组分在 GC 和 MS 之间的传输。因为气相色谱仪的入口端压力高于大气压，在高于大气压的状态下，样品混合物的气态分子在载气的带动下，因在流动相和固定相上的分配系数不同而产生的各组分在色谱柱内的流速不同，使各组分分离，最后和载气一起流出色谱柱。通常色谱柱的出口端为大气压力。质谱仪中样品气态分子在具有一定真空度的离子源中转化为样品气态离子。这些离子包括分子离子和其他各种碎片离子，在真空的条件下进入质量分析器运动。在质量扫描部件的作用下，检测器记录各种按质荷比分离不同的离子的离子流强度及其随时间的变化。所以接口首先需要解决的问题是色谱柱出口压力与质谱离子源的压力相匹配。接口要把色谱柱流出物中的载气尽可能地除去，保留或浓缩待测物后适量地进入离子源。

因此 GC-MS 对接口的一般要求是：a. 接口应能使色谱分离后的各组分，尽可能多地进入质谱仪，一般不少于原组分的 30%，而同时去除掉尽可能多的载气；b. 维持离子源的高真空，并不影响色谱仪的分离柱效和色谱分离结果；c. 组分在通过接口时应不发生化学变化；d. 接口对试样的有效传递应具有良好的重现性；e. 接口的控制操作应简单、方便、可靠；f. 接口应尽可能短，以使试样尽可能快速通过接口。

常用的 GC-MS 接口分为一般性接口和特殊性接口两大类。一般性接口主要解决联用技术中普遍存在的问题，而特殊性接口不但要解决普遍存在的问题，还要满足特种色谱仪或特种质谱仪的要求。而一般性接口又分为三类：直接导入型、分流型和浓缩型。目前一般商品仪器多用直接导入型。直接导入型接口传质率达 100%，但对待测组分无浓缩作用。

(3) 质谱单元

质谱单元主要由真空系统、离子源和质量分析器组成。真空系统的作用是保持质谱单元处于真空状态，防止大量氧烧坏离子源；避免额外的离子-分子反应，改变裂解类型，使谱图复杂化。离子源（ion source）的作用是将被分析的样品分子电离成带电的离子，并使这些离子进行加速后，进入质量分析器被分离。离子源的结构和性能与质谱仪的灵敏度和分辨率有密切的关系，样品分子电离程度与分子结构有关。目前常用于GC-MS的离子源主要有电子轰击源（electron impact ionization，EI）和化学电离源（chemical ionization，CI）。质量分析器（mass analyzer）是质谱仪的核心，它将离子源中产生的离子在磁场的作用下，按其质荷比的不同而进行分离。

GC-MS 系统中质谱单元是气相色谱仪的检测器，对被分离的组分的检测起到至关重要的作用，因此，用于 GC-MS 系统的质谱单元应符合一些特殊要求：a. 真空系统不受气相色谱单元载气流量的影响（维持相应的真空度）；b. 具有与气相色谱单元相匹配的灵敏度和分辨率；c. 扫描速度与气相色谱柱组分流出速度相匹配。

（4）数据处理系统

将质量分析器分离的被测组分通过数据处理系统，将全扫描得到的分子离子或所有碎片离子的质荷比与其对应的离子流的相对强度作图，即得到分子的质谱图。色谱-质谱联用仪能给出总离子流色谱图上每一个色谱峰的质谱，根据特征碎片离子的分子量等分子结构信息，可进行定性鉴别。GC-MS 可通过质谱库数据检索（data acquisition），给出可能的鉴定结果。

3.9.1.2　GC-MS 联用所提供的信息

GC-MS 分析得到的主要信息有样品的总离子色谱图、样品中每个组分的质谱图和每个质谱图的检索结果。

（1）总离子色谱图

总离子色谱图（total ion chromatogram，TIC）是总离子流强度随时间变化的色谱图。一般是以二维平面形式描述的，其纵坐标为总离子流的强度，横坐标为时间或连续扫描的次数。图 3-16 为某试样的总离子流色谱图，其中对应横坐标时间值的每一个峰高，即是组分总离子流的强度。若是截取离子源中部分离子流所得到的总离子流色谱图，它所给出的信息与色谱图相似，如保留值、峰高和峰面积等。若通过质量分析器将离子按不同的质荷比进行分离后记录下来的总离子流色谱图，则包含着与色谱图完全不同的信息，即每次扫描的总离子流色谱图都构成一张质谱图，这时的总离子流色谱图是三维的（如图 3-17）。图中 x 坐标方向表示原子质量单位（质荷比 m/z），y 坐标方向表示时间或连续扫描的次数，z 坐标方向表示离子流的强度（离子丰度）。这张三维总离子流图的信息相当丰富，若取垂直于 y 坐标方向（时间轴）上的任一点的截面，就

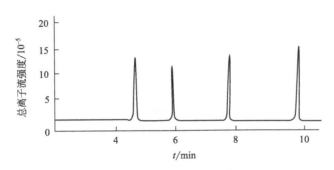

图 3-16　二维总离子流色谱图

是时间的质谱图。若沿 x 坐标方向，将具有相同时间的各离子流相加，便是二维平面总离子流色谱图（图 3-16）。

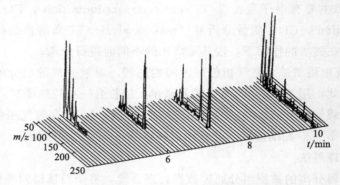

图 3-17　三维总离子流色谱图

（2）质量色谱图

质量色谱图（mass chromatogram，MC）是在一次扫描中，具有某质荷比的离子强度随时间变化所得的色谱图。在选定的质量范围内，任何一个质量数都有与总离子流色谱图相似的质量色谱图（如图 3-18）。其纵坐标为离子流强度，横坐标为时间。

（3）质谱图

质谱图是指只显示带正电荷的离子碎片质荷比与其相对强度之间的棒谱图（bar spectrogram）。它给出关于分子量和结构的特征信息。质谱图中最强峰为基峰，其强度规定为 100%。其他峰则以此峰为准确定其相对强度。图 3-19 为丙烯酸质谱图。

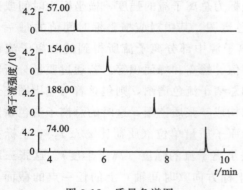

图 3-18　质量色谱图

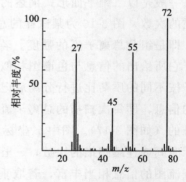

图 3-19　丙烯酸质谱图

（4）谱库检索

将得到的质谱图通过计算机检索对未知化合物进行定性分析。目前 NIST 库是 GC-MS 应用最广泛的数据库，现有 13 万张标准化合物的谱图。

3.9.2　气相色谱-质谱法的特点和应用

GC-MS 联用分析的灵敏度高，适合于低分子化合物（分子量＜1000）分析，尤其适合于挥发性成分的分析。因此，GC-MS 联用在分析检测和研究的许多领域中起着越来越重要的作用，特别是在许多有机化合物常规检测工作中成为一种必备的工具。在药物的生产、质量控制和研究中也有广泛的应用，特别在中药挥发性成分的鉴定、食品和中药中农药残留量的测定、体育竞赛中兴奋剂等违禁药品的检测以及环境监测等方面。GC-MS 是必不可少的工具。下面简单举例介绍 GC-MS 的一些应用。

（1）在兴奋剂检测中的应用

根据国际奥委会医学委员会的要求，体育运动中的兴奋剂检测唯一能用作确认的仪器是 GC-MS。一般兴奋剂检测实验室都用 GC-MS 作为初筛。对初筛有怀疑的样品必须重新进行检测，并用样品在同样条件下，对比物全扫描提供的质谱图的一致性、保留时间的一致性，对检测物质进行定性。

（2）GC-MS 区分空间异构体

在进行人尿样中一些内源性激素测定时，经常会遇到一些成对的空间异构体。这些空间同分异构体虽然差异不大，分子量完全相同，分子结构仅有细小的空间构型不同，但生物活性差异很大。用 GC-MS 检测时这些异构体保留时间非常接近，一般电子轰击的质谱图又非常相近。若采用 GC-MS 法探讨一些空间异构体的质谱行为，可以得到这些空间异构体不同的质谱图，可用于定性分析。

本章小结

本章主要包括了气相色谱仪的基本流程与结构；气相色谱固定相的分类；固定液的要求、分类和选择原则；气相色谱常用检测器的分类的性能指标；热导检测器、氢焰离子化检测器、电子捕获检测器和火焰光度检测器的结构、检测原理、适用范围及其使用注意事项；气相色谱分离条件的选择即色谱柱、载气、柱温等条件的选择；气相色谱法定性与定量的依据与方法及其应用范围；气相色谱仪的操作及其维护的方法；气相色谱-质谱联用技术的特点及其应用。

本章内容概图

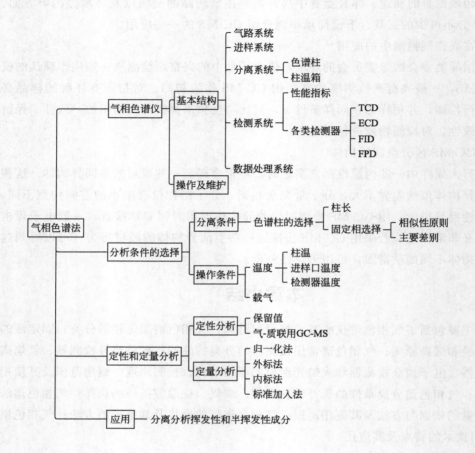

习　题

1. 气相色谱仪主要包括哪几部分？简述各部分的作用。

2. 在气相色谱中，固定液的要求是什么？

3. 固定液的选择原则是什么？

4. 氢焰离子化检测器基本结构和基本原理是什么？

5. 什么是内标法？其优缺点是什么？如何选择内标物？

6. 气相色谱定量分析的依据是什么？常用的定量方法有哪几种？

7. 在气相色谱分析中为了测定下面组分，宜选用哪种检测器，为什么？

(1) 蔬菜中含氯农药残留量；

(2) 测定有机溶剂中微量水；

(3) 痕量苯和二甲苯的异构体；

(4) 啤酒中微量硫化物。

8. 《中华人民共和国药典》规定的色谱系统适用性试验包括哪些内容？

9. 解释下列概念：

(1) 气相色谱法（gas chromatography）

(2) 程序升温（temperature programming）

(3) 校正因子（correction factor）

(4) 内标法（internal standard method）

(5) 外标法（external standard method）

10. 气相色谱仪中常用的检测器有哪些？简述各检测器的应用。

11. 某气相色谱柱中流动相体积是固定相体积的 20 倍，载气流速为 6cm/s，柱的理论塔板高度为 0.6mm，两组分在柱中的分配系数比为 1.1，后出柱的第二组分的分配系数为 120。问：两组分完全分离时，(1) 两组分的容量因子各为多少？(2) 柱的理论塔板数为多少？柱长是多少？(3) 第二组分的保留时间是多少？（$k_1=5.5$；$k_2=6$；$n=5.9\times10^3$；$L=3.6$m；$t_{R_2}=6.9$min）

12. 用气相色谱法测一个乙酯样品中游离的乙醇，取 2μL 样品进样，得到乙醇峰面积 $0.85cm^2$。再取样品 5.00mL 与 25.00μL 乙醇混合，取混合液 2μL 进样，得到乙醇峰面积 $1.45cm^2$。计算乙醇在样品中的质量分数（已知乙醇 0.789g/mL，乙酯样品 0.901g/mL）。(0.61%)

13. 一试样含甲酸、乙酸、丙酸及其他物质。取此样 1.055g，以环己酮为内标，称取环己酮 0.1907g 加入试样中混合，进样 3μL 得色谱图显示

项目	甲酸	乙酸	丙酸	环己酮
峰面积	14.8	72.6	42.4	133
相对质量校正因子	0.261	0.562	0.938	1.00

分别计算甲酸、乙酸、丙酸的含量。(7.7%；17.6%；6.1%)

14. 某杀虫剂的色谱峰，保留时间为 8.68min，基线宽度为 0.29min。计算理论塔板数。若分析中使用的色谱柱长为 2.0m，计算理论塔板高度。(1.4×10^4，0.14mm /板)

第4章　高效液相色谱法

学习提要

　　掌握高效液相色谱法的分类与基本原理；掌握色谱仪的基本组成部分、结构流程及关键部件。熟悉选择高效液相色谱法的固定相和流动相等分析条件；熟悉高效液相色谱法定性、定量分析方法及应用。了解高效液相色谱法与其他色谱法的区别；了解液质联用技术及其应用。

　　高效液相色谱法（high performance liquid chromatography，HPLC）是在经典液相色谱的基础上，引入了气相色谱的理论和技术，采用高压泵、高效固定相及高灵敏度的检测器发展而成的现代液相色谱分析方法。高效液相色谱法因其采用高压输送流动相，故又称高压液相色谱法（high pressure liquid chromatography，HPLC），又因其分析速度快而称为高速液相色谱法（high speed liquid chromatography，HSLC）。因此高效液相色谱法具有高压、高速、高效和高灵敏度等特点。目前，HPLC 已成为药学等领域重要的分离分析方法。

　　高效液相色谱法是 20 世纪 70 年代初发展起来的一项重要的分离分析技术，克服了经典液相色谱法常压输送流动相传质速度慢、固定相颗粒大、柱效低、分析时间长、灵敏度低等不足。与气相色谱法相比，HPLC 法应用广泛，不受样品挥发性和热稳定性及分子量的限制，只要求样品制成溶液即可；另外，HPLC 法是以液体为流动相，且液体种类多，性质差别大，可供选择的范围广。

4.1　高效液相色谱仪

　　采用高压泵、高效固定相及高灵敏度的检测器等装置的液相色谱仪称为高效液相色谱仪。虽然该仪器种类繁多，但其基本工作原理和基本流程是相同的，主要包括输液系统、进样系统、分离系统、检测系统、数据处理系统。如图 4-1 所示，其工作流程如下：高压泵将储液瓶的溶剂经进样器送入色谱柱中，然后从检测器的出口流出，当待分离的样品从进样器进入，并随流动相进入色谱柱进行分离，然后按先后顺序进入检测器，检测信号经数据处理，记录色谱峰面积和色谱图。若是制备色谱，被分离的组分在馏分收集装置中被收集。

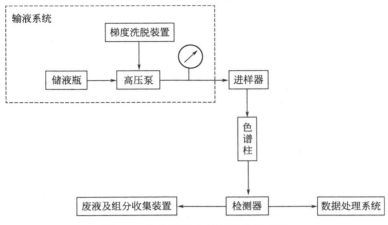

图 4-1　高效液相色谱仪结构示意图

4.1.1　输液系统

高压输液系统包括储液瓶、高压泵、梯度洗脱装置等。

（1）储液瓶

储液瓶是储存流动相的容器，用来提供足够数量的流动相，以完成分析工作。储液瓶要求耐酸碱腐蚀、化学惰性好，常见质地为玻璃或塑料。目前大多数仪器配置的流动相储液瓶为玻璃瓶。储液瓶放置时应高于泵体，一般位于仪器顶端，以保持一定的输液压差。必须注意所有溶剂在转入储液瓶前必须经微孔滤膜过滤和脱气。常用超声波法进行脱气。

（2）高压泵

高压泵是高效液相色谱仪的重要部件，它将流动相高压输送到色谱柱，使样品在色谱柱中实现分离。其性能好坏直接影响分析结果的可靠性。因此要求高压泵流量恒定、输出压力高而平稳、流量范围宽、耐腐蚀、密封性能好、易于清洗和更换溶剂及具有梯度洗脱功能等。

高压泵按工作原理可分为恒压泵和恒流泵两类，目前应用较多的是恒压泵中的柱塞往复泵。其结构如图 4-2 所示。

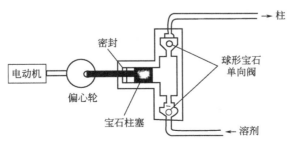

图 4-2　柱塞往复泵示意图

柱塞往复泵工作原理是电动机带动偏心轮转动，使柱塞在偏心轮的带动下在液缸内往复运动。当柱塞从液缸由内向外抽出时，入口单向阀打开，出口单向阀关闭，流动相被吸入液缸；当柱塞由外向内推进液缸时，入口单向阀关闭，出口单向阀打开，流动相被输出液缸，进入色谱柱。如此周而复始，使流动相不断进入到色谱柱。

（3）梯度洗脱装置

高效液相色谱洗脱技术有等强度洗脱（isocratic elution）和梯度洗脱（gradient elution）两种。等强度洗脱是在同一分析周期内流动相组成保持恒定，适用于分析组分数目较少、性质差别不大的试样。梯度洗脱是在一个分析周期内程序控制改变流动相的组成，如溶剂的极性、离子强度、pH 值等，适用于分析组分数目多、性质差别较大的复杂试样，能使所有组分在适宜条件下获得分离。

梯度洗脱的优点是能缩短分析时间、提高分离度、改善峰形、提高检测灵敏度；缺点是可能引起基线漂移和重现性较低。

有两种梯度洗脱的装置，即高压梯度洗脱（high pressure gradient elution）和低压梯度洗脱。高压二元梯度洗脱是由两台高压输液泵分别将两种溶剂送入混合室，混合后进入色谱柱，程序控制每台泵的输出量就能获得各种形式的梯度曲线。低压梯度装置是在常压下通过一比例阀先将各种溶剂按程序混合，然后再用一台高压输液泵送入色谱柱。低压梯度装置价格便宜，且易实施多元梯度洗脱。目前多采用低压梯度洗脱。

4.1.2 进样系统

进样系统是将待分析的样品溶液送入色谱柱的装置，要求死体积小，密封性和重复性好，保证柱中心进样，进样时色谱柱系统流量波动小，易于实现自动化等。

HPLC 的进样方式有隔膜注射进样、六通阀进样和自动进样器进样，早期使用隔膜注射进样，装在色谱柱的进口处。目前，仪器大都采用六通阀进样，其结构如图 4-3 所示。

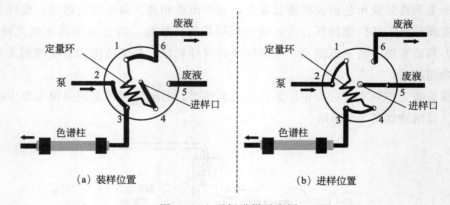

（a）装样位置　　　　　　　　（b）进样位置

图 4-3　六通阀进样示意图

六通进样装置由高压六通阀和定量环组成，可以直接在高压作用下，将样品送入色谱柱中。六通进样阀手柄有两个位置：一是装样，装样时，先使阀处于装样（load）位置，用平头微量注射器将试样注入进样阀的定量环中（sampling loop），此时流动相没有流经储样管，而是直接进入色谱柱，多余样品由定量环出口处流出；二是进样，将装样位置手柄旋转至进样（inject）位置，此时定量环与流路接通，流动相将试样溶液带入色谱柱。进样体积由定量环的容积确定（一般为 $20\mu L$），为了确保进样的准确度，装样时微量注射器的试样必须大于储样管的体积。且要求进样装置的密封性好、死体积小。

较高级的高效液相色谱仪还配备有自动进样装置，分析样品的取样、进样、复位、清洗等操作全部按照既定程序自动进行。有的自动进样装置可以同时放置 120 个样品，尤其适合于批量分析。

4.1.3 分离系统（色谱柱）

样品中的各组分是在色谱柱中进行分离的，所以色谱柱是色谱分离系统的核心部分。色谱柱按内径不同可分为微量柱、分析柱和制备柱。一般微量柱内径 $0.2\sim0.5mm$，柱长 $30\sim75cm$；分析型色谱柱内径 $2\sim5mm$，柱长 $10\sim20cm$；制备型色谱柱内径 $25\sim40mm$，柱长 $10\sim30cm$。色谱柱通常由直形不锈钢管制成，内壁高度抛光，填料细小均匀，采用高压匀浆装柱。

色谱柱的正确使用和维护非常重要，使用前仔细阅读色谱柱说明书，注意 pH 值的适用范围，使用时应避免色谱柱机械振动，流动相和样品进入色谱柱前应过滤，更换流动相要保证流动相的互溶性，防止盐析堵塞色谱柱的流路，每次实验结束应当用合适的溶剂仔细冲洗，在反相色谱中，尤其是含盐的流动相，必须先用一定比例的甲醇水溶液冲洗后，再换上甲醇冲洗，直至色谱柱基线平稳。为防止分析柱被污染或堵塞，色谱柱前端最好装保护柱，保护柱易受到污染，需要经常更换。

若实验完成后，需将色谱柱从仪器上取下保存时，必须洗去所有的盐，反相色谱需用甲醇冲洗干净，储存在甲醇中避免细菌生长。正相色谱柱应储存在己烷中。色谱柱应将两端塞紧密封，以避免溶剂挥发。

新购置的色谱柱应先用厂家规定的溶剂冲洗一段时间，方可用流动相平衡。

4.1.4 检测系统

检测系统的主要部件是检测器（detector）。检测器的作用是将色谱柱分离出组分的量或浓度定量转化为可供检测的电信号。用于 HPLC 的检测器应具有灵敏度高、线性范围宽、适用范围广、重现性好等特征。

检测器按其检测方式分为浓度型和质量型两种。按其适用范围检测器又可分为通用型和专用型两大类。通用型检测器检测的是一般物质均具有的性质，蒸发光散射检测器（ELSD）和示差折光检测器（DRID）属于这一类。专用型检测器只能检测某些组分的某一性质，如紫外检测器（UVD）、荧光检测器（FD）。紫外检测器是非破坏型的，样品经紫外检测器后，可进一步回收，进行定性分析。

（1）示差折光检测器

示差折光检测器（differential refractive index detector，DRID）是最早用于 HPLC 系统的检测器之一，对许多物质均有响应，是一种通用型检测器。其工作原理是利用组分与流动相折射率（refractive index）的差异进行检测。这类检测器的缺点是灵敏度低，受温度、流动相组成及压力等波动的影响大。所以此种检测器不能用于梯度洗脱，只能用于非梯度分离。示差折光检测器的通用性及低灵敏度使它适用于制备型HPLC中。

（2）蒸发光散射检测器

蒸发光散射检测器（evaporative light scattering detector，ELSD）是20世纪90年代出现的一种通用型检测器。ELSD检测原理是将色谱柱分离出的组分随流动相进入雾化室后，被雾化室内的高速气流（常用高纯度氮气）雾化，然后进入蒸发室，流动相被蒸发除去后，样品与载气形成气溶胶，进入检测室，用强光照射气溶胶产生散射光，通过散射光强度来测定组分的含量。该检测器用于测定挥发性低于流动相的组分。缓冲盐不容易挥发，因而流动相中不能有缓冲盐。对有紫外吸收的组分检测灵敏度低，特别适用于无紫外吸收样品的检测，故ELSD主要用来测定糖类、高级脂肪酸、甾体等化合物。ELSD可用于梯度洗脱。

蒸发光散射检测器的主要缺点：对紫外吸收组分的检测灵敏度低，只适用于测定挥发性低于流动相的组分且流动相不能含有缓冲盐，因为盐不挥发，形成本底高，使检测器的灵敏度降低。

（3）紫外检测器

在HPLC中，紫外检测器（ultraviolet detector，UVD）应用最广。该检测器适用于具有共轭结构、有紫外吸收物质的检测，具有灵敏度高、噪声低、线性范围宽、对温度及流动相流速变化不敏感、可用于梯度洗脱等优点。其缺点是不适用于无紫外吸收组分的检测，且对流动相有一定的限制，即流动相的截止波长应小于检测波长。常用溶剂的截止波长见表4-1。

表4-1　常用溶剂的截止波长　　　　　　　　　　　　单位：nm

溶剂	波长	溶剂	波长	溶剂	波长
水	210	二氧六环	220	甲苯	285
甲醇	205	二氯甲烷	233	吡啶	305
乙烷	190	氯仿	245	丙酮	330
乙腈	190	乙酸乙酯	255	硝基甲烷	380
环己烷	210	四氯化碳	265	二硫化碳	380
乙醚	220	苯	280		

紫外检测器可分为固定波长检测器、可调波长检测器和光电二极管阵列检测器。其中固定波长检测器由于使用受限，现已很少使用。可调波长检测器采用氘灯作为光源，检测波长在一定范围内连续可调，可按需要选择被测组分的最大吸收波长为检测波长，以提高检测灵敏度。光电二极管阵列检测器（photodiode array detector，PDAD）是20世纪80年代出现的一种新型光学多通道检测器，由多个光电二极管阵列组成，每个光电二极管对应接收光谱上约1nm谱带宽度的单色光。其工作原理是由光源发出的光聚焦后通过检测池，其透射光由全息光栅色散成不同波长的多色光，多色光按照波长顺序

聚焦在二极管阵列上，产生与透射光强度成正比的光电流，并进行放大输出，瞬间实现物质在紫外区域的全波段扫描，获得物质光谱特征的三维色谱图，如图4-4所示，从获得的三维数据中可以提取出各个色谱峰光谱图，并找出最大吸收波长，利用色谱保留值及光谱特征进行定性分析；根据色谱图进行定量分析。

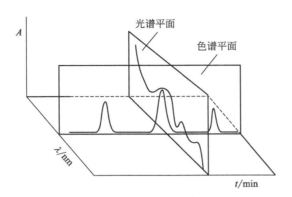

图 4-4　HPLC 的三维光谱-色谱图

（4）荧光检测器

荧光检测器（fluorescence detector，FD）的灵敏度和选择性比紫外检测器高，但只适用于能产生荧光或能生成荧光衍生物的物质的检测。常用于酶、甾体化合物、维生素等成分的分析，也是体内药物分析常用的检测器之一。FD 检测器的原理是具有某种特殊结构的化合物，受紫外光激发后，能发射出比激发光源波长更长的光，称为荧光。荧光强度与荧光物质的浓度成正比。

以上介绍了四种检测器，目前应用较多的是紫外检测器、荧光检测器和蒸发光散射检测器等。

4.1.5　数据处理系统

目前，HPLC 的数据处理系统是应用计算机和相应的色谱软件或色谱工作站，对样品进行采集、处理和分析数据，通过自动积分仪，自动计算峰面积，自动记录峰的保留时间，自动打印分析报告。

4.2　高效液相色谱法分析条件的选择

4.2.1　高效液相色谱的速率理论

高效液相色谱法是在经典液相色谱的基础上，引入了气相色谱的理论和技术发展而成的现代液相色谱分析方法。因此，气相色谱法中介绍的基本概念、塔板理论及速率理论，都适用于高效液相色谱法。但高效液相色谱法与气相色谱法的主要差别是流动相的性质不同。因此，速率理论的表现形式有某些差别。本节主要介绍速率理论在 HPLC 与 GC 中的表现形式的区别、范氏方程曲线及色谱峰展宽对柱效的影响。

速率理论属于色谱动力学理论，该理论是将色谱过程看作一个动态非平衡过程，研究了动力学因素对峰展宽（或柱效）的影响。1958 年 Giddings 和 Snyder 等人根据液体和气体的性质差异，在气相色谱速率理论方程式即 van Deemter 方程式的基础上提出了液相色谱速率方程式。

$$H = A + B/u + C_s u + C_m u + C_{sm} u \tag{4-1}$$

式中，C_{sm} 为静态流动相传质阻抗系数，其余各项与 van Deemter 方程式含义相同。

（1）涡流扩散项

涡流扩散项（eddy diffusion）与气相色谱法相同，$A = 2\lambda d_p$，为了降低涡流扩散的影响，HPLC 中一般使用 $3 \sim 10\mu m$ 的小颗粒固定相，目前以 $5\mu m$ 最常用。为了填充均匀，减小填充不规则因子，常采用球形固定相，而且要求粒度均匀。此外，HPLC 色谱柱以匀浆高压填柱。

（2）纵向扩散项

由于纵向扩散系数 $B = 2\gamma D_m$，纵向扩散项（longitudinal diffusion）为被分离的组分分子在流动相中的扩散系数。而 $D_m \propto T/\eta$，在 HPLC 中流动相为液体，其黏度（η）大，柱温（T）低，一般为室温，因此液相色谱的 D_m 为气相色谱的 D_g 的 10^{-5}。另外，为了节约分析时间，在液相色谱中，所采用的流动相的流速，一般为最佳流速的 $3 \sim 5$ 倍。这些因素都促使纵向扩散项 B/u 减小，一般可忽略不计，于是在 HPLC 中：

$$H = A + C_s u + C_m u + C_{sm} u \tag{4-2}$$

（3）传质阻抗项（mass transfer resistance）

① 固定相传质阻抗　在化学键合相色谱法中，键合相多为单分子层，即厚度可忽略，固定相传质阻抗 C_s 可以忽略。

② 流动相传质阻抗　在 HPLC 中存在流动相传质阻抗 C_m。这是由于在流路中心的流动相中的组分分子未扩散进入流动相和固定相界面，即被流动相带走，因此总是比靠近填料颗粒与固定相达到分配平衡的分子前行得快，结果使峰展宽。这种传质阻力与固定相颗粒粒度 d_p 的平方成正比，与组分分子在流动相中的扩散系数成反比：

$$C_m = \frac{\omega_m d_p^2}{D_m} \tag{4-3}$$

式中，ω_m 为填充因子。

③ 静态流动相传质阻抗　由于固定相的多孔性，使部分流动相滞留在固定相微孔内。流动相要与固定相进行质量交换，必须先扩散到微孔内。如果固定相的微孔多，且又深又小，传质阻抗就大，峰展宽就严重。HPLC 中静态流动相传质阻抗系数 C_{sm} 也与固定相粒度 d_p 的平方成正比，与分子在流动相中的扩散系数成反比。

由此可知，为了降低流动相传质阻抗，也需要使用细颗粒的固定相。又由 $D_m \propto T/\eta$ 可知，为了提高柱效，需要选用低黏度的流动相，在实际分析中，反相色谱法常使用低黏度的甲醇或乙腈，而很少用乙醇为流动相。

流动相流速提高，色谱柱柱效降低（但变化不如在 GC 中快），因此高效液相色谱流动相的流速也不宜过快，分析型 HPLC 一般流量为 $1mL/min$ 左右。

在 HPLC 中，速率方程的表现形式为

$$H = A + (C_m + C_{sm})u \tag{4-4}$$

（4）速率方程曲线

以塔板高度对流动相线速度作图所得的曲线称为范氏方程曲线（H-u 曲线），图 4-5 所示分别为液相色谱（LC）和气相色谱（GC）的 H-u 曲线。

由图 4-5 可知，气相色谱的 H-u 曲线与液相色谱的 H-u 曲线明显不同。气相色谱曲线有一最低点，也叫最佳点，此点对应的板高称为最小板高，记作 $H_{最小}$。此点对应的线速度称为最佳线速度（optimization linear velocity），以 $u_{最佳}$ 表示。这是因为在气相色谱中，当 $u < u_{最佳}$ 时，H 值主要由分子扩散项所控制，流速的影响特别大。由图 4-5 可见，H 随 u 增大而减小。

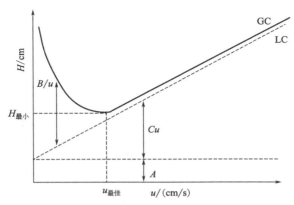

图 4-5 气相色谱和液相色谱 H-u 曲线

B/u—纵向扩散项；Cu—传质阻抗；A—分子扩散项

对于液相色谱，曲线上基本上没有最低点，或极不明显。因为分子扩散项对 H 的贡献很小，板高 H 基本上随着 u 的增大而增大。而且，当流速很大时，其 H 值的升高速度不如气相色谱快。即加大流速不至于使柱效损失太大，有利于实现快速分离。从图 4-5 中还可见，液相色谱的最佳流速很小，通常比气相色谱低 3～4 个数量级。如果液相色谱使用最佳流速分离，则分析时间太长。因此实际使用的流速比最佳流速高得多。

由讨论的速率方程式可获得选择 HPLC 分离条件的信息：应采用小粒度、球形固定相、匀浆装柱；采用低黏度、低流量的流动相；柱温以 25℃ 为宜。

4.2.2 分析条件的选择

进行高效液相色谱分析时，首先应建立合适的色谱分析方法，一般可根据分析目的、样品的性质和组成等选择合适的色谱分离方法，确定分离条件（色谱柱、流动相、洗脱方式、流动相流速等）。根据样品获得的色谱图进行定性分析和定量分析。对于不同样品分离方法选择的一般规律如图 4-6 所示。

4.2.2.1 样品的性质及柱分离模式的选择

当进行高效液相色谱分析时，若不了解样品的性质和组成，选用何种 HPLC 分离

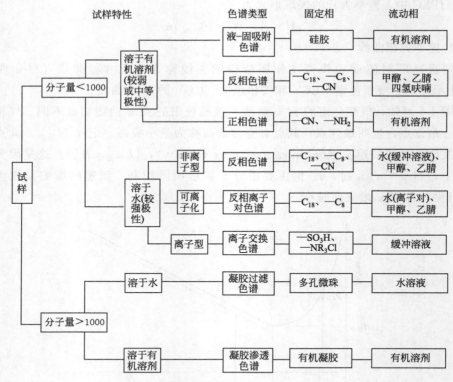

图 4-6　高效液相色谱分离方法示意图

模式就会成为一个难题。为解决此问题，应首先了解样品的溶解性质，判断样品分子量的大小以及可能存在的分子结构及分析特性，最后再选择高效液相色谱的分离模式，以完成对样品的分析。

（1）样品的溶解度

通常优先考虑样品的溶解度，不必进行预处理，可将样品溶解后进行分析，因此样品在有机溶剂和水溶液中的相对溶解性是样品最重要的性质。

由样品在有机溶剂中溶解度的大小，初步判断样品是非极性化合物还是极性化合物，进而推断用非极性溶剂如戊烷、己烷、庚烷等，还是用极性溶剂如二氯甲烷、氯仿、乙酸乙酯、甲醇、乙腈等来溶解样品，并通过实验进行判断。

若样品溶于非极性溶剂，表明样品为非极性化合物，通常可选用吸附色谱法或正相分配色谱法、正相键合相色谱法进行分析。若样品溶于极性溶剂或相混溶的极性溶剂，表明样品为极性化合物，通常可选用反相分配色谱法或更为广泛应用的反相键合相色谱法进行分析。

若样品溶于水相，可首先检查水溶液的 pH 值，若呈中性则为非离子型组分，常可用反相（或正相）键合相色谱法进行分析。若 pH 呈弱酸性，可采用抑制样品的电离的方法，在流动相中加入 H_2SO_4、H_3PO_4 调节 pH＝2～3，再用反相键合相色谱法进行分析。若 pH 值呈碱性，且为强离子型水溶性生物大分子，其分析方法仍是高效液相色谱的特殊难题之一。近年来，凝胶过滤色谱和高效亲和色谱的迅速发展，为解决蛋白质、核酸等生物大分子的分析提供了有效的途径。

（2）样品的分子量范围

选择分析方法的另一个重要信息是了解样品分子的大小或分子量范围，这可通过空间排阻色谱法获得相关的信息。根据空间排阻色谱固定相的性质，既可对水溶性样品又可对脂溶性样品进行分析。

对脂溶性样品，若分析结果表明样品分子量小于1000，且分子量差别不大，应进一步判定其为非离子型还是离子型。若为非离子型，则应考虑其是否为同分异构体或具有不同极性的组分，此时可采用吸附色谱法或键合相色谱法进行分离；若为离子型，则可用离子对色谱法进行分析。若分析结果表明样品分子量小于1000，且分子量差别很大，则仅能用刚性凝胶渗透色谱法或键合相色谱法进行分析。若油脂性样品的分子量大于1000，则最好采用聚苯乙烯凝胶的凝胶渗透色谱法进行分析。

对水溶性样品，若分析结果表明样品的分子量小于1000，且分子量差别不大，可考虑采用吸附色谱法或分配色谱法进行分析。若分子量差别较大，只能选用刚性凝胶的凝胶过滤色谱法进行分离；若分子量差别较大，且呈离子型，对强电离的可使用离子对色谱法进行分离，对弱电离的可使用离子色谱法进行分析。若分析结果表明样品的分子量大于1000，则可采用以聚醚为基体凝胶的凝胶过滤色谱法进行分析。

（3）样品的分离与分子结构和分析特性的关系

对样品的来源及组成有了初步了解后，应进一步考虑样品的分子结构和分析特性对选择分析方法的影响。

① 同系物的分离　同系物都具有相同的官能团，表现出相同的分析特性，其分子量呈现有规律的增加。对同系物可采用吸附色谱法、分配色谱法或键合相色谱法进行分析。同系物在谱图上都表现出随分子量的增加，保留时间增大的特点，无须使用提高柱效的方法来改善各组分间的分离度。

② 同分异构体的分离　对于双键位置异构体（即顺反异构体）或芳香族取代基位置不同的邻、间、对位异构体，最好选用吸附色谱法进行分离。此时可充分利用硅胶吸附剂对异构体具有高选择性的特点，来实现满意的分离。

对于多环芳烃异构体，由于其分子结构不同，具有不同的疏水性。此时可选用反相键合相色谱法，利用样品分子疏水性的差别来实现满意的分离。

③ 手性结构物质的分离　当前对具有特殊选择性的手性结构物质的分离，已成为高效液相色谱法研究的热点，它在高疗效的新型药物的质量检验中非常重要。使用通常的高效液相色谱方法无法将手性结构的物质进行分离，必须使用具有光学活性的固定相（如键合-环糊精或含手性基团的环芳烃衍生物）或在流动相中加入手性选择剂，才能将它们分离。

④ 生物大分子的分离　如蛋白质、核酸等生物大分子，应首先了解它们的结构特点。如蛋白质的分子量一般为1万~20万，这类大分子的扩散系数要比小分子低1~2个数量级，蛋白质是由氨基酸缩聚构成的肽链进一步连接生成的大分子，其分子侧链连有羟基、羧基、氨基等多种亲水基团，表面呈亲水性。分析蛋白质可采用反相键合相色

谱法，其可实现对不同蛋白质的良好分离。但所选用流动相中的甲醇、四氢呋喃和乙腈会使蛋白质分子变性而丧失生物活性，因此更宜采用凝胶过滤色谱法或亲和色谱法对蛋白质进行分析。在充分考虑样品的溶解度、分子量、分子结构和极性差异的基础上，确定高效液相色谱分离模式。

由上述对高效液相色谱分离模式的选择，可以看出，反相键合相色谱法获得最广泛的应用。它仅使用 C_{18} 色谱柱，以甲醇-水或乙腈-水为流动相，或梯度洗脱，往往很快就获得较满意的初步结果，它可分离多种类型的样品。虽然许多样品分离采用反相键合相色谱法，但具有高选择性的液固色谱法也是较常用的分离方法，并可利用薄层色谱法为液固色谱法探索最佳分离条件。

空间排阻色谱法在判定样品分子量大小方面有独特的作用，且样品组分都能在较短的时间内洗脱出来。它也是优先考虑使用的方法之一，但它不适于分离组成复杂的混合物。离子色谱法仅限于在水溶液中分离各种离子，其应用范围不如其他液相色谱法广。亲和色谱法由于具有突出的选择性，在生物样品的分析和纯化制备中发挥了愈来愈重要的作用。

4.2.2.2 分离操作条件的选择

进行高效液相色谱分析，当确定了选用的色谱方法之后，就需要进一步确定适当的分离条件。选择适用的色谱柱，尽可能采用优化的分离操作条件，可使样品中的同一组分得到最满意的分离。通常希望完成一个简单样品的分析时间控制在 10～30min，若为含多组分的复杂样品，分析时间可控制在 60min 以内。若使用恒定组成流动相洗脱，与组分保留时间相对应的容量因子 k 应保持在 1～10，以求获得满意的分析结果。对组成复杂、由具有宽范围 k 值组分构成的混合物，仅用恒定组成流动相洗脱，在所希望的分析时间内，无法使所有组分都洗脱出来。此时需用梯度洗脱技术，才能使样品中每个组分都在最佳状态下洗脱出来。当使用梯度洗脱时通常能将组分的 k 值减小至原来的 $1/100～1/10$，从而缩短分析时间。

当进行高效液相色谱分析时，在某些情况下需要一些特殊考虑。如前所述在对组成复杂的样品进行分析时，要考虑使用梯度洗脱方法；对高聚物进行凝胶渗透色谱分析时，要考虑采用升高柱温的方法来增加样品的溶解度；当样品中含有杂质、干扰组分，或被检测组分浓度过低时，应考虑采用过滤、溶剂萃取、固相萃取等对样品进行净化或浓缩、富集等预处理方法；若需将待测组分转变成适于紫外或荧光检测的形式，可采用色谱柱前或柱后衍生化的方法，以提高检测灵敏选择性。

进行未知样品分析时经常遇到的问题：样品中的全部组分是否都从柱中洗脱出来，是否还有强保留组分被色谱柱中的固定相吸留。解决此类问题是比较困难的，通常对同一种样品可采用两种不同的高效液相色谱法进行分析。如可先采用硅胶吸附色谱法分析，考虑是否有可能将强极性组分滞留；可再采用反相键合相色谱法分析，此时强极性组分会首先被洗脱出来，从而可判断强极性组分是否存在。对大部分未知样品来讲，至少应将两种完全独立的高效液相色谱方法配合使用，最后才能得到有关样品组成和含量的确切结论。

4.3　高效液相色谱仪的操作及其维护

4.3.1　高效液相色谱仪的基本操作方法

虽然高效色谱仪器种类较多，不同型号的仪器操作方法各异，具体操作应按其说明书要求进行，但一般来说，液相色谱仪的基本操作方法大致相同，现介绍如下：

（1）操作前的准备

流动相使用前需过滤，脱气，检查储液瓶中是否有足够的流动相、仪器电源线连接是否正常等。确定无误后，可开始操作。

（2）开机

打开稳压电源，依次打开输液泵、柱温箱、检测器和色谱处理机电源。

（3）设置参数

根据样品的性质，在色谱工作站中或仪器中输入分析参数，如样品信息、检测器波长、流动相流速等。检查设定的各项参数无误后，将设置的方法存于色谱工作站中。

（4）冲洗管路

打开排液阀，点击输液泵键，设置流量 5mL/min，单击 OK。观察输液泵中是否有气泡排出，确定管路中无气泡后，再点击输液泵键，设置输液泵流量 1mL/min，单击 OK，关闭排液阀。

（5）样品测定

待各参数达到设定值，基线平稳后，即开始进行样品的分析。通常采用六通阀进样，首先将六通阀旋转至 LOAD 位置，用平头注射器进样后，再旋回至 INJECT 位置，样品随流动相进入色谱柱，色谱工作站开始数据采集，并自动记录被分离组分的保留时间、峰面积等参数，待色谱峰流出后，停止采集，进行数据处理，记录相应组分的参数，进行定性和定量分析。

（6）关机

实验结束后，运行关机方法，也可在控制面板上设置相应的参数。如采用反相 HPLC 分析样品时，若流动相中含有缓冲盐，首先用 10% 的甲醇水溶液冲洗色谱柱，再用甲醇将色谱柱冲洗，待基线平稳后，关闭输液泵、柱温箱、检测器和色谱处理机电源，关闭稳压电源。卸下色谱柱，并及时按色谱柱说明书对色谱柱进行保养和维护。

（7）填写仪器使用记录

4.3.2　高效液相色谱仪的维护

为了保证仪器的正常运转、降低维修成本、提高工作效率及延长仪器的使用寿命，做好仪器的日常维护至关重要。

（1）实验室环境要求

液相色谱实验室需保持环境干净无尘，室内应采用单独稳压器提供电源保持电压稳定。应避免温度、湿度剧烈变化。一般要求温度为 15～30℃，湿度为 30％～70％。室内需配备通风设备。

（2）输液系统

输液泵是保证整个液相色谱系统畅通、流量准确及压力稳定的关键部件。为了保证基线平稳，压力稳定，采用色谱级的流动相，且流动相需要过滤、脱气。使用新配制的流动相，尤其是水及缓冲溶液建议不超过两天。定期清洗储液瓶及过滤器，以保持其清洁，建议每三个月至少清洗一次。开泵前，用 10％异丙醇冲洗装置，一般每分钟 3～5 滴，使泵中充满异丙醇溶液，防止盐析出。并定期更换高压泵的密封垫圈。

（3）进样系统

进样样品要求无微粒，样品溶液需用 0.45μm 的滤膜过滤，防止微粒阻塞进样阀及减少对进样阀的磨损。使用平头注射器进样，防止针头刺坏密封组件。进样量小，避免超负荷进样。实验结束后应冲洗进样器。

（4）分离系统

色谱柱是液相色谱仪的核心部件，对样品的分离起到至关重要的作用。为了延长色谱柱的使用寿命，提高分离效果，新的色谱柱在使用前，需认真阅读色谱柱说明书，按照色谱柱的方向进行安装，分析样品前，需要平衡色谱柱，首先用甲醇以 0.2mL/min 的流速平衡过夜，然后将流速调至 1mL/min 平衡 30min，使色谱柱的固定相充分平衡至最佳状态。实验结束后要及时清洗色谱柱，为了防止缓冲盐凝结堵塞管路，通常要用 10％的甲醇水溶液清洗缓冲盐 30min，再用甲醇冲洗 30min，以防管路中长菌。色谱柱不使用时，将柱内充满甲醇，柱两端的接头拧紧密封。

（5）检测系统

紫外检测器有一定的使用寿命，标准氘灯的使用寿命一般为 1000h，所以平时应尽量减少氘灯的使用时间，在分析前、柱平衡后，打开检测器。分析结束后关闭检测器。应定期清理流通池，通常用针筒注入异丙醇，清洗样品池。

4.3.3 高效液相色谱分析中常见问题及解决方法

HPLC 法是目前应用最多的分析方法，具有高效、快速、灵敏度高等优点，但在实际工作中可能出现某些问题，如基线漂移、高压泵压力不稳定、保留时间的变化、色谱峰形不稳定等，因此，作为分析人员应了解常见故障产生的原因及解决的方法，以提高分析结果的准确性及高效液相色谱仪的使用效果，如表 4-2～表 4-6 所示。

表 4-2　常见基线问题的产生原因及解决方法

常见故障	产生原因	解决方法
	色谱柱未平衡好	继续进行平衡，直至基线稳定
基线漂移	色谱柱后期污染	根据实际情况，对色谱柱冲洗过夜
	检测器污染	清洗检测池

表 4-3　常见泵压问题的产生原因及解决方法

常见故障	产生原因	解决方法
无压力	高压密封垫变形	更换高压密封垫
	单向阀损坏	更换单向阀
压力不稳	滤芯堵塞	10%异丙醇超声半个小时,然后用 HPLC 级水冲洗干净
	管路内或溶剂内有空气	设流速为 5mL/min,打开排液阀,进行排气
	系统漏液	检查漏液处,根据情况拧紧或更换装置
压力过高	溶剂过滤头堵塞	放入纯水中超声清洗
	流动相配比不合理	仔细查阅文献,并精确量取所需溶液进行混合

表 4-4　常见峰形问题的产生原因及解决方法

常见故障	产生原因	解决方法
平头峰	进样量太大	减少进样量
	紫外灯出现故障	维修紫外灯
分叉峰	保护柱污染	更换保护柱
	色谱柱污染或失效	对色谱柱冲洗过夜
	溶解样品选择的溶剂不合理	选择合适的溶剂
	固定相振动形成空隙或不均匀	更换色谱柱
	柱超载,进样量过大	降低样品量
拖尾峰	样品不纯,峰干扰	纯化样品
	流动相流速不合理	调节流速

表 4-5　常见出峰问题的产生原因及解决方法

常见故障	产生原因	解决方法
峰过小	紫外灯出现故障	维修紫外灯
	样品进样量少	增加进样量
	检测器污染或有气泡	清洗检测池
峰展宽	进样体积过大	减小进样量
	溶解样品的溶剂极性大	选择合适的溶剂
	流动相黏度太大	降低流动相黏度
鬼峰	进样阀残余峰	进样前清洗进样阀,进样后等所有峰都走完再进行后续操作
	样品中存在未知物	改进预处理方法,纯化样品
	柱未平衡	重新平衡柱

表 4-6　常见保留时间问题的产生原因及解决方法

常见故障	产生原因	解决方法
保留时间漂移	进样量相差较大	保持每次进样量一致
	系统未平衡	进样前给予充足时间平衡系统
	流动相组分变化	防止变化
保留时间不断变化	流动相组成变化	防止流动相蒸发或沉淀
	温度升高	保持色谱柱恒温
	流速下降,管路泄漏	更换泵密封圈,排除泵内气泡

4.4 高效液相色谱法的应用

高效液相色谱法主要用于复杂成分化合物的分离、定性与定量分析。由于 HPLC 分析的样品不受沸点、热稳定性、分子量大小及有机物与无机物的限制，一般来说只要能制成溶液即可分析，因此 HPLC 的分析范围远较气相色谱法广泛。高效液相色谱法由于具有高选择性、高灵敏度等特点，已成为医药研究的有力工具。对于药物分析工作者而言，主要用于各种有机混合物的分离分析，HPLC 已广泛用于人工合成药物的纯化及成分的定性、定量测定，中草药有效成分的分离、制备及纯度测定，临床医药研究中人体血液和体液中药物浓度、药物代谢物的测定，新型高效手性药物中手性对映体含量的测定等。

饶楠楠等采用 HPLC 法同时测定芦荟中 8 种蒽醌类物质。芦荟富含多种活性成分，蒽醌类化合物是芦荟的主要功效成分，具有多种药理和治疗保健作用。色谱柱为 Eclipse XDB-C$_{18}$，流动相为甲醇-乙腈-0.05％磷酸溶液梯度洗脱。多波长同时检测，8 种蒽醌类物质在 14min 内完全分离。

4.5 液相色谱-质谱联用技术简介

液相色谱-质谱联用（liquid chromatography-mass spectrometry，LC-MS）技术的研究始于 20 世纪 70 年代，它是利用高效液相色谱对混合组分高效的分离能力和质谱对物质准确定性与结构分析的能力而发展起来的一种分析检测技术，将高效液相色谱仪与质谱仪整合之后的仪器称为高效液相色谱-质谱联用仪。高效液相色谱-质谱联用技术是在气相色谱-质谱联用技术之后发展起来的，随着真空、接口等技术问题的解决，LC-MS 技术日趋成熟，弥补了 GC-MS 应用的局限，使其应用越来越广泛，目前 LC-MS 已广泛应用于药物、化工、临床医学和生命科学等领域的分离分析。

4.5.1 液相色谱-质谱联用仪

（1）仪器组成

液相色谱-质谱联用仪由高效液相色谱仪、质谱检测器及接口组成。其主要构成模块如图 4-7 所示。

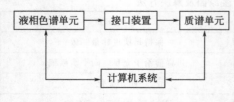

图 4-7 LC-MS 联用仪的构成模块示意图

高效液相色谱单元对待测试样中的各组分进行有效分离；接口装置完成待测组分的汽化和电离，是实现联用的关键部分；质谱单元将从接口装置中接收的离子聚焦于质量分析器中，根据不同的质荷比经质量分析器分离后检测，质谱单元成为高效液相色谱仪的检测器；计算机系统交互式地控制高效液相色谱单元和质谱单元，进行数据采集和处理，离子信号被转变为电信号，电信号被放大后再传输至计算机系统，并同时给出色谱和质谱数据（色谱图和质谱图）。

接口装置是 LC-MS 联用仪的关键部件。其主要作用是去除溶剂并使样品离子化。早期使用的接口装置如直接液体导入接口、传送带接口、热喷雾接口、粒子束接口等都存在一定的缺点。因而这些接口技术未得到广泛的应用。20 世纪 80 年代 LC-MS 联用仪大都使用大气压电离源作为接口装置和离子源。大气压电离源包括电喷雾电离（electrospray ionization，ESI）和大气压化学电离（atmospheric pressure chemical ionization，APCI）。目前电喷雾电离源应用最为广泛。

（2）LC-MS 提供的信息

由 LC 分离的样品经电喷雾电离后进入分析器，随着分析器的质量扫描得到一个个质谱并存入计算机，由计算机处理后可以得到总离子色谱图、质量色谱图、质谱图等。

（3）分析条件的选择

LC-MS 分析条件的选择主要包括液相色谱条件，离子源及正、负离子模式的选择。

① LC 色谱条件的选择　LC 色谱条件的选择要考虑两个因素：使样品得到最佳分离条件，并得到最佳电离条件。

流动相和流速是 LC 色谱主要选择的条件。因为流动相的组成（如有机相、缓冲液浓度、溶液 pH 值等）及流量会影响 LC-MS 的检测灵敏度；对 LC-MS 系统所用流动相的基本要求是不能含有非挥发性的盐类（如磷酸盐缓冲液、离子对试剂等）。由于液相色谱分离的最佳流量往往超过电喷雾允许的最佳流量，常需要采取柱后分流，以达到最佳雾化效果。

② 离子源的选择　ESI 仅用于离子型试样，喷雾后即是气相离子，适用于中等极性到强极性化合物的电离。而 APCI 则不仅能适用于离子型试样，还能用于非极性试样的离子化，适用于非极性或中等极性的小分子的电离。

③ 正、负离子模式的选择　正离子模式适合于碱性样品，负离子模式适合于酸性样品。样品中含有仲氨或叔氨基时可优先考虑使用正离子模式，如果样品中含有较多的电负性基团，如含氯、含溴和多个羟基时可尝试使用负离子模式。有些酸碱性并不明确的化合物则要进行预试方可决定。

4.5.2　液相色谱-质谱联用的特点和应用

LC-MS 联用技术是将液相色谱与质谱串联整合，以色谱作为分离手段、质谱作为检测手段的现代分析技术，巧妙地结合了色谱对复杂样品的高分离能力与质谱的高选择性、高灵敏度及能够提供分子量与结构信息的优点，目前，LC-MS 联用技术已在药学、临床医学、分子生物学、食品化工等诸多领域得到了应用。

（1）LC-MS 在药物分析中的应用

在药物分析研究领域中，液相色谱能够对非挥发性药物、热不稳定性药物及生物大分子的药物进行分离，而质谱特异性强，可以提供药物的结构信息。LC-MS 联用技术能够对准分子离子进行多级裂解，从而提供化合物的分子量及丰富的碎片信息。因此 LC-MS 在中药成分分析及中药结构鉴定、中药药代动力学研究及中药指纹图谱研究、中药制剂杂质的检测方面得到广泛应用。曹文利采用了 LC-MS 联用技术对白芍总苷、芍药苷和芍药内酯苷在大鼠体内代谢物进行了分析。结果表明，代谢点位主要为酯键、糖苷键，胆汁中白芍总苷的代谢物明显高于单体状态。

（2）LC-MS 在分子生物学中的应用

生物体内的化合物具有极性强、难挥发、稳定性差等特点，同时这些化合物常常以蛋白质、肽及核酸的混合物状态存在，而液相色谱对于强极性、不易挥发、热不稳定及高分子量化合物的分离能力高；质谱可以对复杂混合物中化合物进行定性，因此 LC-MS 联用技术已作为生化分析的有力工具。2012 年，Chen 等采用超高效液相色谱法结合四极杆飞行时间质谱法对阿尔兹海默病和多发性硬化症患者中黑色物质进行了蛋白质组分定量分析，为神经性退化症共有的医学特征提供了一定的科学依据。

（3）食品安全中的应用

食品安全直接影响到每个人的健康，且食品中的有害成分往往含量低，需要进行痕量分析，LC-MS 联用技术在食品安全中的应用始于 20 世纪 90 年代，主要集中在农药、兽药及生物毒素的痕量分析。刁艳艳以高效液相色谱-三重四极杆质谱（HPLC-MS/MS）为检测手段，对牛奶中 25 种兽药定量分析方法进行了研究及确证，建立了 LC-MS/MS 同时检测牛奶样品中 25 种兽药的方法，为中国牛奶兽药残留检测提供了方法及依据。

本章小结

本章主要包括了高效液相色谱仪的基本流程与结构；高效液相色谱法分离条件的选择；液相色谱与气相色谱的速率理论表达式的区别；高效液相色谱仪的操作及维护方法；液相色谱-质谱联用技术的特点及其应用。

本章内容概图

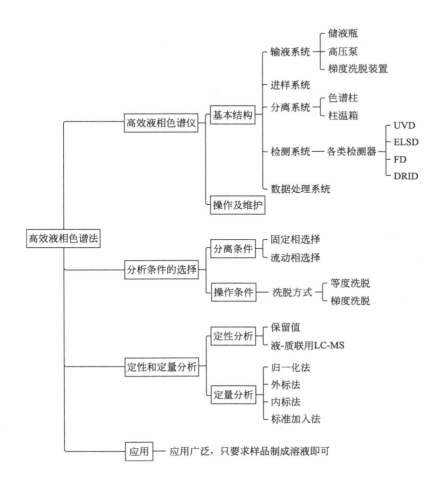

习 题

1. 简述高效液相色谱法与经典液相色谱法、气相色谱法的主要异同点。

2. 在 HPLC 中影响色谱峰扩展的因素有哪些？与气相色谱比较，有哪些主要不同之处？

3. 在 HPLC 中，提高柱效的途径有哪些？其中最有效的途径是什么？

4. 速率理论方程式在 HPLC 中与 GC 中有何异同？如何指导 HPLC 实验条件的选择？

5. HPLC 对流动相的基本要求是什么？

6. 什么是梯度洗脱？它与 GC 的程序升温有何异同？

7. HPLC 中常用的检测器有哪些？它们各自的特点和适用范围是什么？

8. 解释下列概念：

(1) 高效液相色谱法

(2) 正相色谱法

(3) 反相色谱法

9. 高效液相色谱仪主要包括哪些部分？简述各部分的作用。

10. 在 30.0cm 柱上分离 AB 混合物，A 物质保留时间 16.40min，峰宽 1.11min，B 物质保留时间 17.63min，峰宽 1.21min，不保留物 1.30min 流出色谱柱。计算：(1) AB 两峰的分离度；(2) 平均理论塔板数及理论塔板高度；(3) 达到 1.5 分离度所需柱长；(4) 在长柱上洗脱出 B 物质所需要的时间。 [(1) 1.06；(2) $n_A = 3491$；$n_B = 3396$；$H_A = 0.0859mm$；$H_B = 0.0883mm$；(3)$L_2 = 0.6m$；(4) $t_{R_2} = 35min$]

11. 在 ODS 柱上分离乙酰水杨酸和水杨酸混合物，结果乙酰水杨酸保留时间 7.42min，水杨酸保留时间 8.92min，两峰的峰宽分别为 0.87min 和 0.91min，问此分离度是否适于定量分析？($R = 1.69$ 大于 1.5 合乎定量分析的要求)

12. 一个含药根碱、黄连碱和小檗碱的生物样品，以 HPLC 法测其含量。测得三个色谱峰面积分别为 $2.67cm^2$、$3.26cm^2$ 和 $3.45cm^2$，现准确称等质量的药根碱、黄连碱和小檗碱对照品与样品同方法配成溶液后，在相同色谱条件下进样，得三个色谱峰面积分别为 $3.00cm^2$、$2.86cm^2$ 和 $4.20cm^2$，计算样品中三组分的相对含量。 (31.0%；39.7%；29.3%)

第5章　毛细管电泳法

学习提要

掌握毛细管电泳法的基本理论和基本术语；掌握影响分离效率的各因素及评价分离效果的参数。熟悉毛细管电泳仪的基本组成及操作；熟悉毛细管电泳法常见的分离模式。了解毛细管电泳法的应用。

在外加电场的作用下，带电粒子以一定的速度在缓冲溶液中做定向移动的现象称为电泳（electrophoresis）。利用不同带电粒子在电场作用下，发生差速迁移的现象而进行分离分析的方法称为电泳法。毛细管电泳（capillary electrophoresis，CE）又称为高效毛细管电泳（high performance capillary electrophoresis，HPEC），是以毛细管为分离通道、高压直流电场为驱动力的新型液相分离分析技术。

毛细管电泳是 20 世纪 80 年代发展起来的一种分离分析技术，是经典电泳技术和现代柱色谱分离技术相结合的产物。与经典电泳技术相比，毛细管电泳具有高效、快速、微量和自动化等特点。与现代柱色谱相比，两者的分离过程都是差速迁移，可用相同的术语和理论进行描述，如保留值、塔板理论、速率理论等均可应用到毛细管电泳技术中，但两者的分离原理、分离条件和分析对象有差异。毛细管电泳应用范围广，广泛应用于化学、生命科学、药学、环境科学、食品等领域。

5.1　基本原理

电泳法同色谱法原理相类似，电泳法是利用电场中不同离子迁移速度不同进行分离的。

5.1.1　电泳和电泳淌度

（1）电泳和电泳速度

电泳是在电场作用下，带电粒子在电解质溶液中向与其电性相反方向迁移运动的现象，即阳离子向阴极移动，阴离子向阳极移动（见图5-1）。

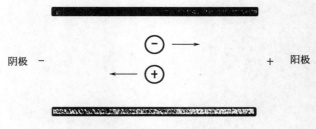

图 5-1　带电粒子的迁移

根据电学定律可知，当带电粒子在电场中运动时，所受的电场力 F_E 是外加电场强度 E 与有效电荷 q 的乘积：$F_E = qE$；又根据流体力学可知，带电粒子在溶液中移动时所受的阻力为摩擦力 F_F，其大小等于摩擦系数 f 与带电粒子在电场中的迁移速度 u_{ep} 的乘积：$F_F = fu_{ep}$。因此，离子在移动过程中同时受电场力和摩擦力的影响，平衡时溶液中电场力与摩擦力大小相等，方向相反，即：

$$qE = fu_{ep} \tag{5-1}$$

$$u_{ep} = qE/f \tag{5-2}$$

摩擦系数 f 与介质黏度，带电颗粒的大小、形状有关。

对于球形粒子：$f = 6\pi\eta r$，则 $u_{ep} = \dfrac{qE}{6\pi\eta r}$ $\qquad$ (5-3a)

对于棒状粒子：$f = 4\pi\eta r$，则 $u_{ep} = \dfrac{qE}{4\pi\eta r}$ $\qquad$ (5-3b)

式中，η 为介质黏度；r 为离子的流体动力学半径。由式（5-3a）和式（5-3b）可看出，电泳速度与离子所带电荷成正比，与介质黏度、离子的流体动力学半径成反比。

不同物质在同一电场中，由于它们的有效电荷，粒子的形状、大小的差异，导致各粒子的电泳速度不同，形成差速迁移，使得带电粒子实现分离。由此可见，带电粒子在电场中电泳速度不同是电泳分离的基础。

（2）电泳淌度

电泳淌度（electrophoresis mobility）也称为电泳迁移率，用 μ_{ep} 表示。μ_{ep} 是指单位电场强度下，带电粒子的平均迁移速度。

$$\mu_{ep} = \frac{u_{ep}}{E} \tag{5-4}$$

由式（5-3a）或式（5-3b）及式（5-4）可得：

$$\mu_{ep} = \frac{q}{6\pi\eta r} \tag{5-5a}$$

$$\mu_{ep} = \frac{q}{4\pi\eta r} \tag{5-5b}$$

由式（5-5a）和式（5-5b）可看出，电泳淌度与离子所带电荷成正比，与介质黏度、离子的流体动力学半径成反比。

（3）有效淌度

在实际溶液中，溶质分子的解离程度、离子活度系数均对带电粒子的淌度有影响，这时的淌度称为有效淌度 μ_{eff}，可表示为

$$\mu_{eff}=\sum\alpha_i\gamma_i\mu_{ep} \tag{5-6}$$

式中，α_i 为样品分子的第 i 级离解度；γ_i 为活度系数或其他平衡离解度。

由此可见，带电粒子的电泳淌度除与电场强度和介质特性有关外，还与粒子的离解度、电荷数、粒子的形状大小有关。

5.1.2 电渗和电渗率

（1）双电层和 zeta 电势

由界面化学可知，当固体与液体接触时，固-液两界面上带有相反的电荷，形成双电层。对于石英毛细管柱，其内壁表面的硅醇羟基（—Si—OH）在 pH>3 的缓冲溶液中离解成—Si—O⁻而带负电荷，管中液体将感应一层正电荷。根据双电层模型，在双电层溶液一侧由两层组成。靠近毛细管壁的第一层为紧密层或称为 stern 层；靠毛细管中央的一层称为扩散层。如图 5-2 所示，当毛细管两端施加外加电压时，在电场作用下，扩散层的阳离子向阴极运动使紧密层与扩散层的滑动面上发生固液两相的相对运动，滑动面和本体溶液间的电势差称为 zeta 电势（zeta potential），用 ξ 表示。

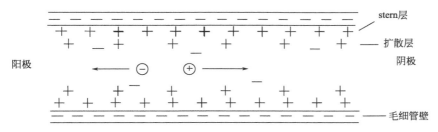

图 5-2 电渗流示意图

（2）电渗和电渗流

电渗（electroosmosis）是指毛细管中的溶液在电场作用下相对于毛细管壁发生定向迁移或流动现象。双电层中阳离子向阴极运动，由于离子是溶剂化的，扩散层的阳离子在电场中向阴极迁移时会携带溶剂一起向阴极迁移，这种管内溶液在外加电场作用下，相对于管壁整体向一个方向移动的现象就叫电渗流（electroosmotic flow，EOF）。单位电场强度下的电泳速度称为电渗淌度或电渗率（μ_{os}），电渗速度 u_{os} 与外加电场强度、电渗淌度关系如下：

$$u_{os}=\mu_{os}E=\frac{\varepsilon\zeta_{os}}{4\pi\eta}E \tag{5-7}$$

式中，μ_{os} 为电渗淌度或电渗率；ζ_{os} 为毛细管壁的 zeta 电势；ε 为介质的介电常数；η 为介质的黏度。

电渗流的大小与电场强度、zeta 电势、毛细管材料、电解质溶液、温度、加入添加剂等有关。

5.1.3 表观淌度

在毛细管电泳中，电渗流和电泳流同时存在，在不考虑粒子相互作用前提下，粒子的迁移速度是两种速度的矢量和，而粒子被观察到的淌度是粒子的有效淌度和缓冲溶液电渗淌度的矢量和，称为表观淌度（apparent mobility），用 μ_{ap} 表示。

$$\mu_{ap} = \mu_{os} + \mu_{eff} \tag{5-8}$$

粒子的表观迁移速度（apparent velocity），用 u_{ap} 表示。

$$u_{ap} = u_{os} + u_{eff} = (\mu_{os} + \mu_{eff})E = \mu_{ap}E \tag{5-9}$$

在通常情况下，μ_{ap} 和 u_{ap} 是由实验测得的粒子的实际淌度和迁移速度。

$$u_{ap} = \frac{L_d}{t_m} \tag{5-10}$$

$$\mu_{ap} = \frac{u_{ap}}{E} = \frac{u_{ap}L}{V} = \frac{L_d L}{t_m V} \tag{5-11}$$

式中，L 为毛细管的总长度；L_d 为毛细管的有效长度（effective length）；V 为外加电压；t_m 为迁移时间（migration time），指溶质从进样点迁移到检测器所需要的时间，即流出曲线最高点所对应的时间。迁移时间 t_m 和淌度 μ_{ap} 与毛细管的有效长度有关，电场强度则与毛细管的总长度有关。

当从毛细管的正极端进样，负极端检测时，由于粒子所带电荷不同，其表观淌度也不相同，分离后出峰的顺序也不相同。

通常情况下，电渗的速度都比电泳速度大一个数量级，一般电渗速度是电泳速度的 5~7 倍，因此在溶液中，不管正离子、负离子还是中性分子，在电渗流的作用下，均向一个方向移动。

5.1.4 分离效率和谱带展宽

（1）柱效

毛细管电泳中的柱效用理论塔板数 n 表示，与色谱图类似，可直接由电泳图求出。

$$n = 16\left(\frac{t_0}{W}\right)^2 = 5.54\left(\frac{t_0}{W_{1/2}}\right)^2 \tag{5-12}$$

式中，t_0 为粒子的迁移时间；W 和 $W_{1/2}$ 分别表示流出曲线上组分的峰宽和半峰宽。

根据 Giddings 色谱柱理论，以电泳峰的标准偏差或方差（σ）来表示理论塔板数（n），则：

$$n = \left(\frac{L_d}{\sigma}\right)^2 = \frac{L_d{}^2}{\sigma^2} \tag{5-13}$$

在理想状态下，纵向扩散被认为是造成区带展宽的唯一因素，根据色谱理论纵向扩散项，则有：

$$\sigma^2 = 2Dt_m = \frac{2DL_dL}{\mu_{ap}V} \tag{5-14}$$

式中，D 为纵向扩散系数。将式（5-13）代入式（5-14），则有：

$$n = \frac{L_d\mu_{ap}V}{2DL} = \frac{(\mu_{eff}+\mu_{os})L_dV}{2DL} \tag{5-15}$$

由式（5-15）看出：理论塔板数和溶质的扩散系数成反比，而溶质分子越大，则扩散系数越小，理论塔板数越大，柱效越高，因此毛细管电泳适合分离蛋白质、DNA 等生物大分子；毛细管的有效长度越长，总长度越短，则柱效越高；外加电压越大，柱效越高。

（2）分离度

分离度指迁移相接近的组分分开的能力。同样，在实际毛细管电泳分析中，分离度也可根据电泳图直接由下式求出。

$$R = \frac{2(t_{R_2}-t_{R_1})}{W_1+W_2} = \frac{t_{R_2}-t_{R_1}}{4\sigma} \tag{5-16}$$

式中，t_{R_1}、t_{R_2} 分别表示组分 1 和组分 2 的迁移时间；W_1、W_2 分别表示组分 1 和组分 2 的峰宽。

分离度也可表示为柱效的函数：

$$R = \frac{\sqrt{n}}{4} \times \frac{\Delta u}{\bar{u}} \tag{5-17}$$

式中，$\Delta u = u_2 - u_1$ 为相邻两组分的迁移速度差，$\bar{u} = \frac{u_1+u_2}{2}$ 为两组分迁移速度的平均值。用 μ_{ap} 代替 $\bar{u}$，将式（5-15）代入式（5-17），得到：

$$R = 0.177\Delta\mu_{eff}\left[\frac{VL_d}{DL\mu_{ap}}\right]^{\frac{1}{2}} = 0.177\Delta\mu_{eff}\left[\frac{VL_d}{DL(\mu_{eff}+\mu_{os})}\right]^{\frac{1}{2}} \tag{5-18}$$

（3）谱带展宽

由式（5-18）看出，造成谱带展宽，即影响分离度的因素主要有：

① 工作电压　外加电压越大，分离度越大，可通过增加外加电压提高分离度。但若要使分离度加倍，电压需增加 4 倍，而这种增加还要受焦耳热的限制，显然，增加电压不是提高分离度的最佳参数。

② 有效长度与总长度之比　增加毛细管有效长度会使分离度增大，但是会使分析时间延长，因此，应选择长度适当而又能得到较好分离度的毛细管。

③ 电泳的有效淌度差　可通过选择不同的操作模式和不同缓冲溶液来增加电泳的有效淌度差，这是增加分离度的关键因素。

④ 表观淌度　表观淌度越小，则分离度越大，因此，当电泳淌度和电渗淌度方向相反时，分离度达到最大，当然分离时间也无限长。因此，要使得分析时间既不要过长，又要得到较高的分离度和较高的柱效，就需要找出最佳的表观淌度值。

5.2 毛细管电泳仪

毛细管电泳装置由进样系统、分离系统、检测系统、数据处理系统四大部分所组成，如图 5-3 所示。

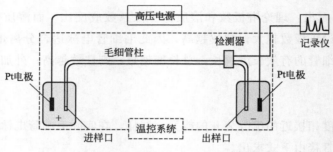

图 5-3 毛细管电泳仪示意图

5.2.1 进样系统

在毛细管电泳中，由于毛细管内径小，要求样品的进样量也小，通常为纳升级，最大不超过 $5\mu L$，因此，精准的进样量和良好的重现性对样品的分离至关重要。常用的进样方式有以下三种：

（1）压力进样

当毛细管的进样端与出样端置于不同压力环境中时，样品溶液会在毛细管的两端产生压力差，使样品溶液在压差作用下进入毛细管。压力进样又分为正压力进样、负压力进样和虹吸进样。该法属于通用进样方法，但不适用于黏度大的样品，因为要求毛细管中的样品溶液呈流动状态。

（2）电动进样

当毛细管的进样端放入样品池中，并在毛细管两端施加一定电压时，在电泳和电渗的共同作用下驱动样品进入毛细管中。外加电压一般要低于分离电压，进样时间要求 $1\sim10s$。电动进样具有进样量准确、适用于黏度大的样品等优点。但是由于混合样品中，各组分的电泳淌度不同，各组分进入毛细管时迁移速率不同，从而进入毛细管的量不同，当从正极进样时，阳离子迁移速度比阴离子快，进入毛细管的阳离子量要大于阴离子，从而使进入毛细管中的样品组成与原来样品溶液不同，会降低分析结果的准确性和可靠性。这种现象可使进样具有选择性，淌度大且与电渗流方向相反的离子不易进样。该进样方法不具有通用性。

（3）扩散进样

当毛细管的进样端浸入样品池中时，组分分子在毛细管口界面存在浓度差，利用样品组分的浓度差扩散的原理进行进样。扩散进样具有双向性，样品中的组分扩散进入毛细管的同时，毛细管中的背景物质也会向管外扩散。这种双向性在一定程度上减少了背景物质对样品组分的干扰，该法可以避免压力进样和电动进样对样品的选择性，具有通用性。但扩散进样是根据扩散效应实现的，因此，进样时间长，且进样效率较低。

5.2.2 分离系统

毛细管电泳分离系统由高压电源、毛细管柱、缓冲溶液、温控系统组成。

（1）高压电源

高压电源为分离提供动力，是毛细管电泳分离体系中的重要组成部分，一般采用 $0\sim30kV$ 的连续可调直流高压电源，从而提高了分离效率，缩短了分析时间。

（2）毛细管柱

毛细管柱是分离通道，是毛细管电泳的核心部件。毛细管柱可分为开口毛细管柱、凝胶柱及电色谱柱等。目前普遍采用的是外面涂有耐高温涂料的弹性熔融石英毛细管，具有杂质少、弹性好等优点。毛细管尺寸的选择需要考虑到分离效率和检测灵敏度两方面。内径越小，分离效率越高，但是内径越小，进样量也越少，对检测器的灵敏度有更高的要求。因此选择合适尺寸的毛细管对样品的分离至关重要。一般要求毛细管内径为 $25\sim75\mu m$，长度为 $20\sim100cm$。

（3）缓冲溶液

缓冲液池中装有缓冲溶液，为电泳提供工作介质，要求缓冲液池化学惰性、机械稳定性好、耐腐蚀性强等。缓冲溶液的选择需根据样品的性质进行选择，若酸性组分可选择碱性介质的缓冲溶液；碱性组分可选择酸性介质的缓冲溶液；两性组分如蛋白质、氨基酸、多肽等则既可以选择酸性介质缓冲溶液，也可以选择碱性介质缓冲溶液。为达到有效进样和有适宜电泳淌度的目的，缓冲溶液的 pH 值至少比被分析物质等电点低或高一个 pH 单位。

（4）温控系统

由于在电泳过程中会因电流的存在而产生焦耳热效应，当温度变化时，溶液的黏度发生变化，迁移时间也随之改变，从而导致重现性差、分离效能降低等问题。目前电泳仪为避免这种影响，均采用了温控系统，使用最广泛的是空气恒温和液体恒温控制两种方式，其中液体恒温控制效果最好。

5.2.3 检测系统

检测器是毛细管电泳系统的核心部件之一，由于毛细管电泳较少的进样量和较短的进样时间，因此要求毛细管电泳的检测技术具有较高的灵敏度和快速响应的特性。目前常见的检测器有紫外-可见吸收检测器、激光诱导荧光检测器、电化学检测器、质谱检测器。毛细管电泳法常见的检测器见表 5-1。

表 5-1 毛细管电泳常见检测器

检测器	检测限/(mol/L)	特点	检测方式
紫外-可见吸收	$10^{-6}\sim10^{-5}$	有紫外吸收的化合物,近似通用,常规应用	柱上
荧光	$10^{-8}\sim10^{-7}$	灵敏度高,样品需衍生	柱上
激光诱导荧光	$10^{-12}\sim10^{-10}$	灵敏度极高,样品需衍生,价格昂贵	柱上
质谱	$10^{-9}\sim10^{-7}$	灵敏度高,可提供结构信息,价格高	柱后
电化学	$10^{-7}\sim10^{-5}$	离子灵敏,通用性好,需专用的装置	柱后

紫外-可见吸收检测器和激光诱导荧光检测器一般进行柱上检测，以减小谱带展宽，尤其是紫外-可见吸收检测器是目前应用最广泛、发展最成熟的检测器，具有价格低廉、应用范围广等优点。但柱上检测灵敏度低；激光诱导荧光检测器灵敏度较高，但样品需要衍生；而电化学检测器、质谱检测器均为柱后检测器，是具有高灵敏度、有发展前途的检测器。

5.2.4　数据处理系统

毛细管电泳数据处理系统和高效液相色谱仪的类似，多采用计算机及专用软件进行数据处理，谱图类似于色谱图。

5.3　毛细管电泳法常见的分离模式

根据毛细管内分离介质和分离原理不同，毛细管电泳法分离模式主要有以下几种。

5.3.1　毛细管区带电泳法

毛细管区带电泳（capillary zone electrophoresis，CZE）是毛细管电泳技术中应用最广泛的一种分离模式，常被看作各种分离模式的母体。CZE 的分离是基于电泳淌度的差别。

其原理是，在电场作用下，在充满缓冲溶液的毛细管中，具有不同质荷比的离子以不同速率迁移形成不同区带而得到分离。如图 5-4 所示，阳离子、阴离子分别被分离而中性分子不能彼此分离，因此，毛细管区带电泳常应用于有机、无机的阳离子和阴离子的分离，但是不能用于中性分子的分离，因为中性物质的淌度为零。

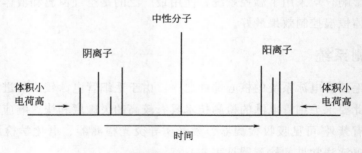

图 5-4　毛细管区带电泳流出顺序示意图

进行分离时，可通过改变电泳介质等改变电泳淌度来改善分离效果。如通过改变缓冲溶液的种类、浓度、pH 值、添加剂、分离电压等改变电泳淌度，从而达到改善分离效果的目的。

5.3.2　胶束电动毛细管色谱法

胶束电动毛细管色谱法（micellar electrokinetic capillay chromatography，MECC）

是将电泳技术和色谱技术相结合，集电泳、电渗和分配为一体的分离方法，克服了CZE不能分离中性物质的缺点，扩大了毛细管电泳的应用范围。

MECC的分离原理是在缓冲溶液中加入表面活性剂形成胶束，被分离的组分在水相和胶束相之间依据分配系数的不同而分离。表面活性剂分子，通常一端为疏水基，一端为亲水基，疏水基通常是支链或直链烷基等，而亲水基则通常是带阳离子、阴离子或两性离子等亲水基团。当加入缓冲溶液中的表面活性剂的浓度达到或高于临界胶束浓度时，表面活性剂分子疏水性的一端避开缓冲溶液，聚集在一起向里形成一个疏水空间，而带电荷的亲水性的一端聚集起来朝向缓冲溶液，使得表面活性剂的单体结合在一起形成一个球体，称之为胶束。胶束可分为两类，分别是正相胶束和反相胶束。其中反相胶束应用较多。反相胶束是指在有机溶剂中形成的胶束。表面活性剂，主要分为四类，即阳离子、阴离子、两性离子和非离子表面活性剂，其中应用最多的是阳离子表面活性剂，有十六烷基三甲基溴化铵（cetyl trimethylammonium bromide，CTMAB），以及阴离子表面活性剂，有十二烷基硫酸钠（sodium lauryl sulfate，SDS）。

在MECC系统中实际上存在着类似于色谱的两相即流动的水相和起固定相作用的胶束相（假固定相或准固定相）。在电泳过程中，各种溶质按照其亲水性的不同，在缓冲溶液（水相）和胶束相之间进行分配，形成差速迁移，使得样品中各组分得以分离。胶束电动毛细管色谱法不仅可以分离离子型化合物，还可以分离中性分子、手性对映体等。

5.3.3 毛细管电色谱

毛细管电色谱（capillary electrochromatography，CEC）是一种将毛细管电泳技术与高效液相色谱技术相结合的分离模式。CEC指在毛细管内壁涂布键合类似HPLC的固定相，当毛细管两端施加电压时，电渗流推动流动相完成色谱过程。这样，不仅克服了毛细管电泳法选择性低、不易分离中性分子等弱点，还避免了HPLC法中压力流导致色谱峰展宽，提高了柱效和分离度。因此，毛细管电色谱结合了电泳的高效和高效液相色谱的高选择性，是很有发展前景的微柱分离技术。

由于CEC的分离原理是基于待分离组分间的电泳淌度和分配系数的不同，所以CEC不仅可以分离离子和中性分子，还可以分离手性分子。

除了上述介绍的三种电泳分离模式外，还有毛细管凝胶电泳、毛细管等电聚焦电泳、毛细管等速电泳等。

毛细管电泳应用范围广，广泛应用于化学、生命科学、药学、环境科学、食品等领域。如在化学领域中被广泛应用于有机、无机等小分子、离子测定；在医药学领域被广泛应用于蛋白质、多肽、糖、DNA等生物大分子的分离分析，药物分子对映异构体的拆分，中性分子的分离，也使单细胞单分子的分析成为可能等。甚至在20世纪90年代人类基因组测序工作中，阵列毛细管电泳也发挥了重要作用，使测序进程提前了四年，芯片毛细管电泳技术促进了微全分析系统分析技术的发展。

5.4 毛细管电泳仪的操作及其维护

5.4.1 毛细管电泳仪的基本操作方法

虽然毛细管电泳仪器种类较多，不同型号的仪器操作方法各异，具体操作应按其说明书要求进行；但一般来说，毛细管电泳仪的基本操作方法大致相同，现介绍如下：

（1）操作前的准备

检查机器内安放的缓冲液、清洗液、净化水是否充分，检查卡盘和样品托盘是否安装正确。仪器内试管架应全部取出。确定无误后，可开始操作。

（2）开机

接通电源，打开毛细管电泳仪开关，打开计算机，待系统自检后，启动色谱工作站。

（3）设置参数

根据样品的性质，在色谱工作站中或仪器中输入分析参数，检查设定的各项参数无误后，将设置的方法存于色谱工作站中。

（4）石英毛细管的处理

在控制屏上点击压力区域，设置压力参数，冲洗毛细管柱。

（5）样品测定

在系统运行前，检查仪器的状态，检测器配置是否正确，灯是否正确，样品和缓冲液放置是否正确。待检查无误后，分别打开运行和序列对话框，进行样品分析。

（6）关机

实验结束后，运行关机方法，也可在控制面板上设置相应的参数。关闭毛细管电泳仪电源，关闭计算机。

（7）填写仪器使用记录

5.4.2 毛细管电泳仪的维护

为了保证仪器的正常运行和延长仪器的使用寿命，做好仪器的日常维护非常必要。

（1）实验室环境要求

实验室须保持环境干净无尘，室内应采用单独稳压器提供电源、保持电压稳定。应避免温度、湿度剧烈变化。一般要求温度为 15～30℃，湿度为 30%～70%。

（2）进样系统

进样样品要求无微粒，样品溶液需用 $0.45\mu m$ 的滤膜过滤，进样量小，避免超负荷进样。定期清洗压力电极和卡槽等部件。长时间不使用的试剂不得存放于仪器托盘中，否则可能造成仪器部件的腐蚀和仪器湿度的增加。

（3）分离系统

毛细管柱是电泳仪的核心部件，对样品的分离起到至关重要的作用。若使用涂层毛细管柱时，应注意涂层毛细管内壁要始终保持在液体中，不能长期暴露在空气中。实验结束后用纯水冲洗毛细管，然后从仪器上拆下，连带卡盒放入卡盒盒中，两端浸泡在事先装满水的缓冲瓶中，最后整个盒子放入 4℃ 冰箱中保存。

缓冲瓶及样品瓶应各有其对应颜色的帽盖，不可混用。缓冲瓶和瓶颈内部不得沾有液体，否则可能导致漏电现象的发生。用于装废液的样品瓶应及时清理，不可过满，否则会污染毛细管，也会造成气路的阻塞。仪器运行期间产生高压，严禁打开样品盖。缓冲溶液及样品应过滤。应定期添加冷却液，注意所加入的冷却液的液面高度不超过 3/4。

（4）检测系统

紫外检测器有一定的使用寿命，标准氘灯的使用寿命一般为 1000h，不要频繁开关灯，分析结束后先关闭检测器。各检测器的连接光纤在不使用时，必须密封放置，光纤不可拆压。紫外检测器不使用时，应放入干燥箱中保存。备用的氘灯应放在干燥器中，避免潮湿和高温。随时关注毛细管检测窗口是否有断裂及漏液现象。

5.5　毛细管电泳法的应用

毛细管电泳法因其具有高效快速、准确灵敏、操作简便、溶剂用量少、对环境污染小、分离模式多样化、应用范围广等优点，已经成为现代分离技术的重要组成部分，广泛应用于药学、临床医学、生命科学、食品检测和环境科学等领域。

（1）毛细管电泳在药物分析中的应用

药物分析研究的目的是建立一个全面有效的药物质量控制与管理方法，了解药物在体内的代谢过程，以保证各类药物得到安全、合理和有效的使用。目前，国内外的药物分析研究十分活跃，除了常用的高效液相色谱法（HPLC）、气相色谱法（GC）、紫外-可见分光光度法（UV-Vis）外，毛细管电泳法在药物分析中的应用研究越来越受到重视。

毛细管电泳在药物分析中的应用主要体现在三方面：第一，毛细管电泳法对原药的分离分析，包括中药的有效成分分析、各类药物制剂中的有效含量分析、手性药物的拆分、药物中杂质组分的测定、药物的稳定性评价等，主要用于药物质量控制。第二，毛细管电泳法对体内的药物或代谢物含量的测定，包括进入动物体内的抗生素、中药成分、抗癌药物等，对各类药物在体内的吸收、代谢、分布、排泄等进行药物临床分析，用于药物代谢动力学研究。第三，毛细管电泳法用于药物与生物大分子相互作用的研究，包括药物分子与蛋白质、多肽、多糖、DNA 的相互作用研究。

陈建等采用毛细管电泳法分离了 9 种磺胺类药物，在 $5 \sim 60 \mu g/mL$ 浓度范围内线性关系良好。陈兴国等采用反相迁移胶束毛细管电泳法，同时分离测定了鱼腥草及山楂果实中的槲皮素、芸香苷和绿原酸。

（2）毛细管电泳在食品检测中的应用

食品分析主要为营养成分分析和食品添加剂分析、非食用添加剂及化学污染物分析。由于食品样品复杂，如何快速、准确地定量分析目标物成为食品检测的关键问题。毛细管电泳法的诸多优点，使其在食品分析方面得到了广泛的应用。Rodriguez 等采用毛细管电泳法对土豆中三嗪除草剂残留物进行测定，所得检出限 $1.7 \sim 4.0 \ g/kg$，低于现行欧盟法规确定的最大残留量。

（3）毛细管电泳在生命科学中的应用

毛细管电泳在生命科学中的应用主要包括蛋白质、多肽、氨基酸、糖类、核酸、细菌等微生物及细胞代谢的检测。Zinellu 等提出了一种通过毛细管区带电泳-激光诱导荧光检测技术测定培养细胞中蛋白结合谷胱甘肽含量的方法。该法灵敏度高，可以检测到整个细胞过程中所有细胞形态下的谷胱甘肽的含量。

本章小结

本章主要包括毛细管电泳法的原理，基本概念如电泳、电泳淌度、电渗、电渗淌度、表观淌度等；毛细管电泳仪的基本流程与结构；毛细管电泳的分离模式，包括毛细管区带电泳法、胶束电动毛细管色谱法、毛细管电色谱；毛细管电泳仪的操作及维护的方法；毛细管电泳技术的特点及其应用。

本章内容概图

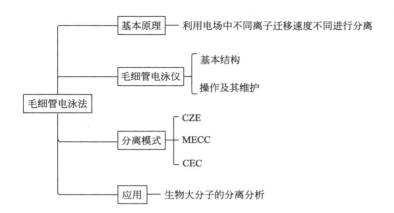

习　题

1. 名词解释：电泳、淌度、毛细管电泳、电渗、电渗淌度。

2. 比较毛细管电泳和高效液相色谱法在分离机制和驱动力上的区别。

3. 简述毛细管电泳仪的结构组成。

4. 在 CE 中，为什么中性分子的表观淌度等于电渗淌度？

5. 某一毛细管区带电泳迁移系统中，分离电压是 25kV，毛细管的柱长为 55cm，某离子扩散系数 $D = 2.0 \times 10^{-9} m^2/s$，该离子的迁移时间为 10min，求毛细管柱的理论塔板数。(1.3×10^5)

参 考 文 献

[1] 郭景文.现代仪器分析技术.北京：化学工业出版社，2016.

[2] 何丽一.平面色谱方法及应用.北京：化学工业出版社，2000.

[3] 董慧茹.仪器分析.第2版.北京：化学工业出版社，2010.

[4] 国家药典委员会.中华人民共和国药典（一部）.2015年版.北京：中国医药科技出版社，2015.

[5] 国家药典委员会.中华人民共和国药典（二部）.2015年版.北京：中国医药科技出版社，2015.

[6] 丁黎.药物色谱分析.北京：人民卫生出版社，2008.

[7] 尹华.仪器分析.北京：人民卫生出版社，2012.

[8] 潘国石，陈哲洪.分析化学.第3版.北京：人民卫生出版社，2014.

[9] 柴逸峰，邸欣.分析化学.第8版.北京：人民卫生出版社，2016.

[10] 邱细敏，朱开梅.分析化学.第3版.北京：中国医药科技出版社，2012.

[11] 郭兴杰.分析化学.第3版.北京：中国医药科技出版社，2015.

[12] 苏明武，黄荣增.仪器分析.第3版.北京：科学出版社，2017.

[13] 李志富，陈建平.分析化学.武汉：华中科技大学出版社，2015.

[14] 黄世德，梁生旺.分析化学（下册）.北京：中国中医药出版社，2005.

[15] 陈琼玲，刘红芝，刘丽，等.大孔树脂-硅胶柱层析法纯化花生根中白藜芦醇.中国食品学报，2014，14（6）：127.

[16] 饶楠楠，张强，顾华，等.高效液相色谱法同时测定芦荟中8种蒽醌类物质的含量.分析试验室，2018，37（6）：720-725.

[17] 靳淑敏，韩茹，董振永，等.液质联用技术在中药制剂分析中的应用进展.河北医药，2015，37（5）：725.

[18] 刘文.液质联用技术在药物分析领域的应用进展.山东化工，2017，46（22）：46.

[19] 陈建，杨灵芝，张金金，等.毛细管电泳法分离了9种磺胺类药物.分析仪器，2018，3：51.

[20] 陈兴国，禹凯，朱金花，等.分离测定鱼腥草和山楂果实中槲皮素、芸香苷和绿原酸反相迁移胶束毛细管电泳新方法.山东化工兰州大学学报（医学版），2009，35（1）：61.

[21] Zinellu，etc. Protein-bound Glutahione Measurement in Cultured Cells by CZE with LIF Detection. Electophoresis，2007，28（18）：3277.

[22] Rodriguez，etc. Ultrasonic Solvent Extraction and Nonaqueous CE for the Determination of Herbicide Residues in Potatoes. Journal of Separation Science，2009，32（4）：575-584.

[23] 吴远远.毛细管电泳法用于药材有效成分和体液内药物的分析研究.河北：河北大学，2013.